葡萄酒酿造技术

PUTAOJIU NIANGZAO JISHU

刘　欢／著

中国纺织出版社有限公司

图书在版编目（CIP）数据

葡萄酒酿造技术 / 刘欢著 . --北京：中国纺织出版社有限公司，2023. 11

ISBN 978-7-5229-1144-1

Ⅰ. ①葡⋯ Ⅱ. ①刘⋯ Ⅲ. ①葡萄酒—酿造 Ⅳ. ①TS262. 6

中国国家版本馆 CIP 数据核字（2023）第 196541 号

责任编辑：闫 婷　　责任校对：王蕙莹　　责任印制：王艳丽

中国纺织出版社有限公司出版发行
地址：北京市朝阳区百子湾东里 A407 号楼　邮政编码：100124
销售电话：010—67004422　传真：010—87155801
http://www. c-textilep. com
中国纺织出版社天猫旗舰店
官方微博 http://weibo. com/2119887771
三河市宏盛印务有限公司印刷　各地新华书店经销
2023 年 11 月第 1 版第 1 次印刷
开本：710×1000　1/16　印张：11. 25
字数：156 千字　定价：98. 00 元

前　言

随着社会的进步与发展，葡萄酒已经走进百姓的日常生活中，中国葡萄酒产业也随之飞速发展，急需一大批葡萄酒专业技术人才。基于此，本书突出实际的专业需要，在编写过程中参阅了大量的中外文献并依据著者多年的研究成果，以葡萄酒为主线，对葡萄原料组成分析、葡萄栽培及采收、菌种及发酵原理、葡萄酒基本工艺、各类葡萄酒酿造及其发酵过程控制、葡萄酒桶装和瓶装、葡萄酒陈酿等技术进行系统阐述。在编写上以实用和便于自学为目标，语言精练，内容通俗易懂。

全书理论系统，工艺翔实，力求反映葡萄酒酿造技术的前沿动态和先进研究成果，将葡萄酒酿造重点问题进行具体介绍。对葡萄栽培和葡萄园管理、菌种和发酵原理、酿造过程控制中容易出现的问题以及解决方案都做了系统阐述，旨在让读者更好地了解葡萄酒生产流程，让相关专业学生在本书的指导下深入学习葡萄酒酿造原理及工艺操作，为他们提供相应的技术指导和理论支持。全书主要包括绪论、葡萄栽培与成熟、葡萄酒菌种与发酵原理、葡萄酒酿造与过程控制、葡萄酒封装与陈酿五章内容。

本书的出版得到了吉林省科技厅项目“基于代谢组学酿酒酵母和非酿酒酵母协同促进北冰红冰酒风味物质形成机制研究（2020122315JC）”和吉林省教育厅项目“耐低温酵母菌种选育及其促进北冰红冰酒风味形成研究（JJKH20220195KJ）”的支持。

本书主要供高等院校食品科学与工程、食品质量与安全、食品营养与检验教育、葡萄酒等相关专业师生使用，也可供从事葡萄种植和葡萄酒生产的技术人员参阅。

由于编者水平有限，书中难免存在疏漏之处，望读者予以批评指正，以便今后不断修改、完善。我们热忱地期待广大学生和同行专家提出宝贵意见。

刘欢

2023年10月30日

目　　录

第一章　绪论 …… 1

一、葡萄酒历史文化 …… 1

二、葡萄酒定义 …… 7

三、葡萄酒分类 …… 8

参考文献 …… 11

第二章　葡萄栽培与成熟 …… 13

第一节　葡萄的组成成分 …… 13

一、浆果 …… 13

二、果梗 …… 23

三、果皮 …… 27

四、果籽 …… 30

第二节　葡萄栽培和葡萄园管理 …… 31

一、水分管理 …… 31

二、生长调节剂 …… 32

三、施肥 …… 32

四、疏花 …… 33

五、修剪 …… 33

六、遮阴 …… 34

第三节　葡萄浆果的成熟 …… 35

一、葡萄浆果成熟的不同阶段 …… 35

二、葡萄浆果成熟的确定 …… 36

三、葡萄采收期的确定 …… 38
参考文献 …… 39

第三章　葡萄酒菌种与发酵原理 …… 58
第一节　葡萄酒菌种 …… 58
一、酵母菌 …… 58
二、乳酸菌 …… 62
三、醋酸菌 …… 64
四、混合菌和杂交菌 …… 65
第二节　葡萄酒发酵原理 …… 67
一、碳水化合物 …… 67
二、有机酸 …… 70
三、氨基酸 …… 72
四、含硫化合物 …… 76
五、多糖 …… 78
六、酶 …… 79
参考文献 …… 83

第四章　葡萄酒酿造与过程控制 …… 103
第一节　葡萄酒酿造基本工艺 …… 103
一、压榨 …… 103
二、浸渍 …… 104
三、浓缩 …… 105
四、氧化 …… 106
五、降醇 …… 106
六、酵母 …… 107
第二节　红葡萄酒 …… 107
一、原料机械处理 …… 107

二、发酵液要求 …… 108
三、发酵管理和控制 …… 109
第三节　白葡萄酒 …… 112
一、原料机械处理 …… 112
二、发酵液要求 …… 112
三、发酵管理和控制 …… 113
第四节　起泡葡萄酒 …… 114
一、瓶式发酵法（传统法） …… 114
二、罐式发酵法 …… 115
三、发酵管理和控制 …… 116
第五节　桃红葡萄酒 …… 121
一、产地和品种 …… 121
二、发酵管理和控制 …… 122
第六节　其他类型葡萄酒 …… 125
一、半甜型和甜型葡萄酒 …… 126
二、利口酒 …… 134
参考文献 …… 139

第五章　葡萄酒封装与陈酿 …… 150
第一节　葡萄酒封装 …… 150
一、木桶葡萄酒 …… 150
二、瓶装葡萄酒 …… 156
第二节　葡萄酒陈酿 …… 162
一、葡萄酒的化学成分 …… 162
二、葡萄酒的化学反应 …… 165
三、橡木桶在葡萄酒陈酿中的应用 …… 166
参考文献 …… 168

第一章　绪论

一、葡萄酒历史文化

（一）世界葡萄酒起源与发展

1. 世界葡萄酒酿造起源

关于葡萄酒的起源，古籍记载众多，说法不一，最早的记载是在一万年前。从现代科学的观点来看，葡萄酒起源经历了一个从自然发酵酒过渡到人工酿造酒的过程。

据史料记载，在一万年前的新石器时代，濒临黑海的外高加索地区，即现在的安纳托利亚（Aratolia，古称小亚细亚）、格鲁吉亚和亚美尼亚，都发现了积存的大量葡萄种子，表明当时的葡萄除鲜食外，还用来取汁或酿酒。多数史学家认为，葡萄酒的人工酿造起源于距今7000多年前的古代波斯，即现在的伊朗。1996年考古学家在伊朗北部扎格罗斯山脉的一个新石器时代晚期遗址的村庄里，挖掘出一个罐子，其中有残余的葡萄酒和防止葡萄酒变成醋的树脂。经考证，距今6000多年前，埃及古墓中发现的大量遗迹、遗物，如盛液体的土罐陪葬物品，正是古埃及人用来装葡萄酒或油的土陶罐。特别是壁画中，清楚地描绘了古埃及人栽培、采收葡萄，酿制葡萄酒的步骤和饮用葡萄酒的情景（图1-1）。最著名的是Phtah Hotep墓址，埃及古王国时代出土的酒壶上，已刻有“伊尔普”（葡萄酒之意）一词，西方学者认为，这才是人类葡萄与葡萄酒业的开始。

2. 世界酿酒葡萄种植起源

栽培葡萄最早是在大约7000年前的南高加索、中亚细亚、叙利亚、伊拉克等地区，大致经历了三个阶段，即采集野生葡萄果实阶段，野生葡萄的驯化阶段，以及随着古代战争、移民，葡萄栽培传到其他地区，初至埃及，后到希腊（图 1–2）。

图 1–1　埃及壁画中的葡萄酒

图 1–2　槭叶蛇葡萄化石

希腊是欧洲最早开始种植葡萄与酿制葡萄酒的国家，由航海家从尼罗河三角洲带回了葡萄和酿酒的技术，使葡萄酒成为古希腊璀璨文化及日常生活不可或缺的部分。荷马史诗《伊利亚特》和《奥德赛》中有很多关于葡萄酒的描述，《伊利亚特》中葡萄酒常被描绘成黑色，或许是当时的葡萄品种多为黑色的缘由。据考证，古希腊爱琴海盆地有十分发达的农业，人们以种植小麦、大麦、油橄榄和葡萄为主，大部分葡萄果实用于酿酒，剩余的制干，几乎每个希腊人都有饮用葡萄酒的习惯。在迈锡尼时期（公元前1600年—公元前1100年），希腊的葡萄种植已经很兴盛，葡萄酒的贸易范围到达埃及、叙利亚、黑海地区和意大利南部地区。公元前6世纪，希腊人通过马赛港将葡萄栽培和酿酒技术传给了高卢（现在的法国）人，但在当时，葡萄和葡萄酒生产并不重要。直到公元1世纪时葡萄园才遍布整个罗纳河谷。2世纪时整个勃艮第（Burgundy）和波尔多（Bordeaux）到处可见葡萄园。3世纪时葡萄园已抵达卢瓦尔河谷（Loire Valley）。4世纪时葡萄栽培推广到香槟区（Champagne）和摩泽尔河谷（Moselle Valley），其间非常喜爱大麦啤酒（cervoise）和蜂蜜酒（hydromel）的高卢人很快地爱上了葡萄酒，并且成为杰出的酿酒葡萄果农，所生产的葡萄酒在罗马大受欢迎。

公元4世纪初，罗马帝国皇帝君士坦丁（Constantine）正式承认基督教的合法地位，在弥撒典礼中需要用到葡萄酒，从而促进了葡萄的栽种与发展。当罗马帝国于公元4世纪末一分为二之后，在分裂出的西罗马帝国（包括法国、意大利北部和德国部分地区等）里的基督教修道院里，都详细记载了关于葡萄的收成和酿酒的过程，这些记录有助于选育出特定地区的适栽酿酒葡萄品种。

公元768~814年，统治查理曼帝国（法兰克王国）的加洛林王朝“神圣罗马帝国”皇帝——查理曼（Charlemagne），利用其权势促进了当时的葡萄酒业的发展，这位伟大的皇帝看到了遍布法国南部到德国的葡萄园发展远景，就开发经营了其后颇为著名的法国勃艮第产区的“科尔登-查理曼”顶级葡萄园（Corton Charlemagne Grand Cru）产业。

3. 世界葡萄酒发展

到公元15、16世纪，最好的葡萄酒被认为就出产在修道院中，16世纪欧洲的挂毯描绘了葡萄酒酿制的全过程。此期间葡萄栽培和葡萄酒酿造技术传入南非、澳大利亚、新西兰、日本、朝鲜和美洲等地。公元15世纪哥伦布发现新大陆后，16世纪西班牙和葡萄牙的殖民者、传教士，将欧洲的很多葡萄品种带到南美洲，在墨西哥、加利福尼亚半岛和亚利桑那州等地栽种。中世纪后，葡萄酒被视为快乐的源泉、幸福的象征，并在文艺复兴时代，造就了许多葡萄酒的名作佳品。17、18世纪，法国葡萄酒开始称雄全世界，波尔多和勃艮第作为葡萄酒产区的两大支柱，始终代表了两种不同类型的顶级葡萄酒品味与风格：波尔多的厚重与勃艮第的优雅，成为酿制葡萄酒的基本准绳。但这些传统的葡萄酒产区产量有限，不能满足世界葡萄酒消费所需。19世纪后，欧洲传统葡萄酒产业主开始在全球寻找适合种植优质葡萄的地区，并改进及研发葡萄酒酿造技术，使整个世界的葡萄酒事业兴旺起来。

近百年来，美国、澳洲等新兴葡萄酒国家与地区，采用现代科技、市场开发等手段，共同开创了当今丰富多彩的葡萄酒世界。

（二）中国葡萄酒起源与发展

1. 中国葡萄酒起源

有人认为中国葡萄酒文化源于西方（欧洲），因而现代又把它列入“洋酒”之列。但实际上，在中国葡萄与葡萄酒的历史长河中，有大量引进欧亚种葡萄、学习西方酿酒技术的历史阶段，如近代百年与汉武帝时期等；也有人工种植我国原产野生葡萄及民间（特别是各少数民族）自然酿造葡萄酒与加曲酿制葡萄原料混合酒的记载，如魏晋南北朝、北宋时期与新石器时代等。中国古代有关葡萄酒的考古发现，也充分证实中国葡萄酒文化的悠久历史。

我国河南省舞阳县距今大约9000年的贾湖遗址，2004年12月已被国际考古界确认为世界上最早的酒类发现地之一。2006年7月《美国国家地理》报道，美国特拉华州酿酒厂复制出了中国贾湖遗址发现的酒类饮料，美国宾夕法尼亚大学的麦克戈、马克高文教授在1999~2004年与中国考古专家合作，对在贾湖遗址进行的6次发掘中采集到的部分陶片残留物进行成分分析，解析了酒类饮料的配方。

追溯9000年前的贾湖遗址陶片残留物，其化学成分与现代葡萄酒、稻米、米酒、蜂蜡、葡萄丹宁酸、酒类挥发后的酒石酸，以及一些古代和现代草药所含的某些化学成分相同，还包含山楂、蜂蜜中主要化学成分。经过研究分析后，这种中国“贾湖城”古酒饮料可以成功被复制和生产，并推向美国市场，受到欢迎。

自1995年起，中国山东大学考古专家与美国宾夕法尼亚大学考古学者成立了联合考古队，开始对我国山东日照市东北20公里的两城镇进行区域系统调查。2005年，发掘出公元前2600年~公元前2200年的一个古城遗址，通过对出土陶器残留物的化学成分分析，检测出其中残留有酒石酸或酒石酸盐等葡萄酒的成分，这表明距今4600年的新石器时代晚期，两城镇地区的古人已有利用葡萄酿造混合酒，且饮用葡萄酒，并在葬礼、祭拜活动中有使用葡萄酒和酒器的习俗。据此有学者认为，此类有关葡萄酒的考古发现，反驳了我国葡萄酒是舶来物的观点。

2. 中国酿酒葡萄种植起源

中国是世界葡萄属植物的起源中心之一，原产我国的葡萄属植物有30多种（含变种）。如分布于我国东北部的山葡萄，中部至西南部的毛葡萄、刺葡萄，都是葡萄属植物的野生葡萄种类。我国最早有关野生葡萄的文字记载始见于《诗经》。如《周南·樛木》：“南有樛木，葛藟累之；乐只君子，福履绥之”；《王风·葛藟》：“绵绵葛藟，在河之浒。终远兄弟，谓他人父。谓他人父，亦莫我顾”；《豳风·七月》：“六月食郁及薁，七月亨葵及菽。八月剥枣，十月获稻，为此春酒，以介眉寿。”反映出在著写《诗经》的殷商时期即公元前17世纪初到公元前11世纪，我们的祖先就懂得采集并享用各种野生葡萄浆果。

在约3000年前的周朝，我国已有了人工栽培葡萄和葡萄园，如儒家经典之一《周礼·地官司徒·掌葛/槁人》记载：“场人，掌国之场圃，而树之果蓏珍异之物，以时敛而藏之。”郑玄注：“果，枣李之属。蓏，瓜瓠之属。珍异，蒲桃、批把之属。”表明葡萄是当时果园的珍异果品，人们已经知道贮藏葡萄浆果了。那时，附着在成熟、贮藏的葡萄浆果上的野生酵母是极有可能把葡萄自然发酵成葡萄酒的菌种，这在一定程度印证了公元前2600年~公元前2200年，山东日照两城镇土陶器残留物即为葡萄发酵的混合酒。

3. 中国葡萄酒发展

中国葡萄酒文化充实了世界葡萄酒历史，而引进欧亚种葡萄、发展欧亚种葡萄酒业也丰富中国葡萄酒文化。汉武帝建元年间，张骞出使西域（公元前138—公元前119年），从大宛（古西域国名，现今中亚的塔什干地区）带回欧亚种葡萄。

魏晋南北朝时期，我国葡萄酒生产与消费又有了新的发展与进步，当时的历史文献、诗词文赋中就有充分表现，如魏文帝曹丕对葡萄和葡萄酒的喜爱和见解写进《诏群医》一书中，陆机也有诗词《饮酒乐》等。

唐代是中国葡萄酒大众消费、文化灿烂的时期，很多有关葡萄与葡萄酒的诗句，如李颀的《古从军行》，王绩的《酒经》《酒谱》，韩愈的《咏葡萄》，白居易的《和梦游春诗一百韵》，刘禹锡的《蒲桃歌》等。

宋代由于战乱，我国葡萄酒业发展处于低迷状态。直至元代，我国葡萄与葡萄酒产业又进入了鼎盛时期。元代的统治者十分喜爱葡萄酒和马奶酒，在朝廷重视、官员带头的指导示范下，元朝实施对葡萄酒产业的税收扶持、不禁葡萄酒、允许民间酿造且家酿葡萄酒不纳税等产业政策，使葡萄酒产业达相当规模、葡萄酒文化得到普及，葡萄种植面积之大、地域之广，酿酒数量之巨，都是前所未有的。元代葡萄酒文化也融入文化艺术的其他各个领域，如元诗有刘诜的《葡萄》、绘画有丁鹤年的《题画葡萄》、散曲有著名剧作家关汉卿的《朝天子从嫁媵婢》等。

明代我国葡萄酒产业发展缓慢。葡萄酒产业发展的转折及近代葡萄酒的生产开始于清末民国初期。张裕葡萄酒公司的创办，象征着我国近代葡萄酒产业的开始。1912年，孙中山先生曾亲临张裕葡萄酒公司，题写了“品重醴泉”四字，给予很高的褒奖。康有为曾下榻张裕葡萄酒公司，赋诗：“浅饮张裕葡萄酒，移植丰台芍药花。更复法华写新句，欣于所遇即为家。”1914年，张裕葡萄酒公司正式出酒，即在当年举办的南洋劝业会上获得最高优质奖章。1915年，在巴拿马万国博览会上，张裕所产的红葡萄酒、白兰地、味美思，以及用欧洲著名优良葡萄品种命名的“雷司令”

“解百纳”葡萄酒等荣获金质奖章，自此，中国烟台葡萄酒名声大振。此后，青岛、太原、北京、通化相继建成葡萄酒厂，这些厂的规模虽都不大，大部分由外国人经营，生产方式落后，但表明我国葡萄酒工业已初步形成规模或体系，葡萄酒的消费市场也逐步扩大。

经过近几十年的发展，我国葡萄酒总产量由中华人民共和国成立前的260吨，发展到1976年的2.67万吨，特别是改革开放后，发展到1979年的6.5万吨，1985年的23.2万吨，2006年的49.5万吨，2007年达到66.5万吨，同比增长37%。2005年我国已跻身全球十大葡萄酒总量消费国之列，但人均葡萄酒年消费量仅有0.5升，仅为世界平均水平的1/12，欧洲高水平国家法国、卢森堡等国人均年葡萄酒消费量55升的1/100。据估计，2006~2011年，中国葡萄酒消费量有70%的增幅，比世界平均增幅快6.5倍，凸显出中国葡萄酒消费市场的巨大潜力及迅猛发展的强劲势头，呈现出我国葡萄酒行业厚积薄发、前所未有的活力。

二、葡萄酒定义

（一）国际葡萄酒定义

国际葡萄与葡萄酒组织（OIV）对现代葡萄酒给出了明确的定义：葡萄酒只能是以新鲜的葡萄浆果或者是新鲜葡萄汁经过全部或者部分酒精发酵而生产出来的饮料，其所含的酒精度不得低于8.5% vol（以容量计），某些地区由于气候、土壤、品种等因素的限制，其酒精度可以降到7% vol。

（二）中国葡萄酒定义

我国新的葡萄酒国家标准（简称“新国标”）于2006年12月11日由国家质检总局和国家标准委发布，已于2008年1月1日起在葡萄酒产业实施，并由推荐性国家标准改为强制性国家标准。

我国新的葡萄酒国家标准：葡萄酒是以新鲜葡萄或者葡萄汁为原料，经全部或者部分发酵酿制而成的，含有一定酒精度的发酵酒，其所含的酒精度不得低于8.5% vol，某些地区由于气候、土壤、品种等因素的限制，其酒精度可以降到7% vol。

三、葡萄酒分类

世界各国葡萄酒的种类繁多，风格各异。依据国际葡萄与葡萄酒局规定及我国2008年1月1日起实施的“葡萄酒 GB 15037—2006 新国家标准”，按照不同的方法可以将葡萄酒分为以下类别。

（一）产品色泽

按葡萄酒产品的色泽，可分为红葡萄酒、白葡萄酒和桃红葡萄酒。

1. 红葡萄酒

用皮红肉白或者皮肉皆红的葡萄带皮发酵而成。酒液中含有果皮或者果肉中的有色物质，使之成为以红色调为主的葡萄酒。这类葡萄酒的颜色一般为深宝石红色、鲜红色、宝石红色、紫色红色、深红色、棕红色等。

2. 白葡萄酒

用白皮白肉或者红皮白肉的葡萄榨汁后不带皮发酵酿制而成。这类酒的颜色一般以黄色为主色调，主要有近似无色、微黄带绿色、浅黄色、禾杆黄色、金黄色，澄清透明，有独特的典型性。近年来，干白成为海鲜的绝配，慢慢受到消费者的宠爱。

3. 桃红葡萄酒

用带色葡萄经过部分浸出有色物质发酵而成。它的颜色介于红葡萄酒与白葡萄酒之间，主要有桃红色、浅红色、淡玫瑰红色等。桃红葡萄酒是近年来国际上新发展起来的葡萄酒新类型，受到酿酒界重视的同时也受到消费者的赏识。桃红葡萄酒从色泽到风味，介于红、白葡萄酒之间，具有红、白葡萄酒所不及的特点。

（二）含糖量

按葡萄酒含糖量，可分为干葡萄酒、半干葡萄酒、半甜葡萄酒和甜葡萄酒。

1. 干葡萄酒（dry wine）

简称干酒，原料（葡萄汁）中糖分完全转化成酒精，酒中含糖（以葡萄糖计）小于或等于每升4 g，或者当总糖与总酸（以酒石酸计）的差值小于或等于每升2 g时，含糖最高为每升9 g的葡萄酒。干酒是世界市场主要消费的葡萄酒品种，也是我国旅游和外贸中需求量较大的种类。常以对干酒质量的品评作为鉴定酿酒葡萄品种优劣的依据。

2. 半干葡萄酒（demi-sec wine）

含糖大于干葡萄酒，最高为12 g/L，或者当总糖高于总酸（以酒石酸计），其差值小于或等于2 g/L时，含糖最高为每升18 g的葡萄酒。

3. 半甜葡萄酒（semi-sweet wine）

含糖大于半干葡萄酒，最高为每升45 g的葡萄酒。

4. 甜葡萄酒（sweet wine）

含糖大于每升45 g的葡萄酒。高质量的甜葡萄酒是用含糖量高的葡萄为原料，在发酵过程中终止发酵，使酒中残糖保留在4.5%以上。

（三）二氧化碳含量

按葡萄酒二氧化碳含量，可分为平静葡萄酒和起泡葡萄酒（包括高泡、低泡葡萄酒）。

1. 平静葡萄酒（still wine）

也称静止葡萄酒或者静酒，是指不含二氧化碳或者含很少二氧化碳，即在20℃时，二氧化碳压力小于0.05 MPa的葡萄酒，又可分为干葡萄酒、半干葡萄酒、半甜葡萄酒和甜葡萄酒。

2. 起泡葡萄酒（sparkling wine）

在20℃时，二氧化碳压力等于或大于0.05 MPa的葡萄酒，包括高泡、低泡葡萄酒。

（1）高泡葡萄酒（sparkling wine）

在20℃时，二氧化碳（全部为自然发酵产生）压力大于或等于0.35 MPa（对于容量小于250 mL的瓶子二氧化碳压力等于或大于0.3 MPa）的起泡葡萄酒。

①天然高泡葡萄酒（brutsparkling wine）。酒中糖含量小于或等于12 g/L（允许差为3 g/L）的高泡葡萄酒。

②绝干高泡葡萄酒（extra-drysparkling wine）。酒中糖含量为12~17 g/L（允许差为3 g/L）的高泡葡萄酒。

③干高泡葡萄酒（drysparkling wine）。酒中糖含量为17~32 g/L（允许差为3 g/L）的高泡葡萄酒。

④半干高泡葡萄酒（semi-secsparkling wine）。酒中糖含量为32~50 g/L的高泡葡萄酒。

⑤甜高泡葡萄酒（sweetsparkling wine）。酒中糖含量大于50 g/L的高泡葡萄酒。

（2）低泡葡萄酒（semi-sparkling wine）

在20℃时，二氧化碳（全部自然发酵产生）压力在0.05~0.34 MPa的起泡葡萄酒。

（四）酿造方法

按葡萄酒酿造方法，可分为天然葡萄酒与特种葡萄酒。

1. 天然葡萄酒（native wine）

完全用葡萄为原料发酵而成，不添加糖分、酒精及香料的葡萄酒。

2. 特种葡萄酒（special wine）

是用鲜葡萄或葡萄汁在采摘或酿造工艺中使用特定方法酿制而成的葡萄酒。

（1）利口葡萄酒（fortified wine）

在葡萄生成总酒度为12% vol以上的葡萄酒中，加入葡萄白兰地、食用酒精或葡萄酒精以及葡萄汁、浓缩葡萄汁、含焦糖葡萄汁、白砂糖等，使其终产品酒精度为15%~22% vol的葡萄酒。

（2）葡萄汽酒（carbonated wine）

酒中所含二氧化碳是部分或全部由人工添加的，具有同起泡葡萄酒类似物理特性的葡萄酒。

（3）冰葡萄酒（ice wine）

将葡萄推迟采收，当气温低于-7℃使葡萄在树枝上保持一定时间，结冰，采收，在结冰状态下压榨、发酵，酿制而成的葡萄酒（不允许外加糖源）。

（4）贵腐葡萄酒（noblerot wine）

在葡萄的成熟后期，葡萄果实感染了灰绿葡萄孢，使果实的成分发生了明显的变化，用这种葡萄酿制而成的葡萄酒。

（5）产膜葡萄酒（hororfilm wine）

葡萄汁经过全部酒精发酵，在酒的自由表面产生一层典型的酵母膜后，加入葡萄白兰地、葡萄酒精或食用酒精，所含酒精度大于或等于15% vol的葡萄酒。

（6）加香葡萄酒

以葡萄酒为酒基，经浸泡芳香植物或加入芳香植物的浸出液（或馏出液）而制成的葡萄酒。

（7）低醇葡萄酒（lowalcohol wine）

采用鲜葡萄或葡萄汁经全部或部分发酵，采用特种工艺加工而成的，酒精度为1%~7% vol的葡萄酒。

（8）无醇葡萄酒（non-alcohol wine）

采用鲜葡萄或葡萄汁经全部或部分发酵，采用特种工艺加工而成的，酒精度为0.5%~1% vol的葡萄酒。

（9）山葡萄酒（wild grape wine）

采用鲜山葡萄或山葡萄汁经过全部或部分发酵酿制而成的葡萄酒。

按葡萄酒的饮用方式，可将葡萄酒分为开胃（餐前）酒、佐餐酒、餐后用酒等；按葡萄原料的生长来源，还可将葡萄酒分为野生葡萄（山野葡萄）酒和人工栽培（果园葡萄）的葡萄酒等。另外，通常的酒类都可以按酒精度数分类，葡萄酒也是如此。

参考文献

［1］李华，王华，袁春龙，等．葡萄酒化学［M］．北京：科学出版社，2005.

[2] Jordan D J. An Offering of Wine: An Introductory exploration of the role of wine in the H Hebrew Bible and ancient Judaism through the examination of the semantics of some keywords [D]. Sydney: University of Sydney, 2002.
[3] 李华. 葡萄酒品尝学 [M]. 北京: 科学出版社, 2006.
[4] 李华, 王华, 袁春龙, 等. 葡萄酒工艺学 [M]. 北京: 科学出版社, 2007.
[5] 李华. 现代葡萄酒工艺学 [M]. 西安: 陕西人民出版社, 2000.
[6] McGovern P. Fermented beverage of pre-and proto-historic China [J]. PNAS, 2004, 101 (51): 17593-17598.
[7] 朴美子, 滕刚, 李静媛, 等. 葡萄酒工艺学 [M]. 北京: 化学工业出版社, 2020.
[8] 李华, 胡亚菲. 世界葡萄与葡萄酒概况 (上) [J]. 中外葡萄与葡萄酒, 2006 (1): 66-69.
[9] 李华, 胡亚菲. 世界葡萄与葡萄酒概况 (下) [J]. 中外葡萄与葡萄酒, 2006 (2): 66-70.
[10] OIV. Statistiques Modiales 2003. [S]. Paris: OIV, 2006.
[11] 全国文献工作标准化技术委员会第七委员会.《葡萄酒》GB 15037-2006 [S]. 北京: 中国标准出版社, 2006.

第二章　葡萄栽培与成熟

葡萄酒是以葡萄浆果为原料生产的，葡萄浆果的成熟度决定着葡萄酒的质量和种类，是影响葡萄酒生产的主要因素之一。在大部分葡萄酒产区，成熟良好的葡萄果实能生产品质优良的葡萄酒，好年份葡萄酒是指气候条件有利于果实充分成熟的年份。在气候较为炎热的地区，由于葡萄果实成熟很快，为了获得平衡、清爽的葡萄酒，应尽量避免葡萄过熟。在气候较为凉爽的地区，采收时间的早晚，既可生产具有一定酸度、果香味浓的干白葡萄酒，也可生产酸度较低、醇厚饱满、有少量残糖的红葡萄酒。因此，了解葡萄果实的成熟现象和果实中的成分及其在成熟过程中的转化，即葡萄浆果的生物化学，并根据需要进行控制，是保证葡萄酒质量的第一步。

第一节　葡萄的组成成分

一、浆果

葡萄浆果含有复杂的生物化学物质，包括水、矿物质、糖、氨基酸、有机酸以及风味和香气化合物。葡萄浆果成分最显著的变化发生在白藜芦醇产生之后，浆果从小、硬、酸、含糖量低的状态转变为大、软、甜、酸以及味和色都很浓的状态。葡萄风味的累积是由于酸和糖的平衡以及风味和芳香化合物或前体的合成。目前，葡萄浆果成熟的生理生化和分子机制研究已经取得了实质性的科学进展，对提高葡萄和葡萄酒质量具有显著作用。由于葡萄发育和成熟过程中涉及生理生化和分子机制及对环境反应的复杂性，所以需要针对这一领域进行更深入的研究。

(一) 主要组成成分

1. 水

葡萄浆果通常含有 75%~85%的水，水是糖、酸和酚类化合物等溶质的主要溶剂。糖、酸和酚类化合物的浓度直接影响葡萄酒的质量和产量，也就是受到收获时浆果含水量的影响。与许多其他肉质水果一样，葡萄浆果的发育遵循双 S 形曲线，可以描述为三个不同的发育阶段：第一个阶段，开花后，绿色浆果细胞快速分裂和扩张，称为初始阶段；第二个阶段，短暂地缓慢生长，称为过渡阶段；第三个阶段，细胞扩增，称为活性生长阶段。在葡萄中成熟初期伴随着生理变化，如红色葡萄品种的果实软化和花青素的产生。在发育过程中，浆果的水分含量等于木质部和韧皮部的流入量减去木质部的蒸腾和回流损失。而木质部和韧皮部的水分流入量取决于浆果的品种和发育阶段，水分损失则取决于蒸腾作用和回流路径，两个方面因素都是由浆果体积决定的。因此，水分量与浆果体积变化直接相关。

在白藜芦醇生成之前，浆果的水分由葡萄根部吸收，再由木质部和韧皮部传输，其中木质部为浆果提供了大部分水分。在白藜芦醇生成之后，在浆果果皮细胞中的糖积累伴随着木质部和韧皮部水分运输比例发生显著变化。Greenspan 等通过研究盆栽和田间葡萄藤浆果的膨胀和收缩模式，证明了木质部在浆果体积变化中作用大大减少，而韧皮部的贡献显著增加；而在浆果的最后生长阶段，韧皮部可以提供高达 80%的浆果需求水分。此外，浆果水分状况也明显与白藜芦醇生成密切相关。

在采摘过程中，浆果的水分关系发生了明显变化，这与短时间（1~2 天）内糖分积累和浆果生长的大幅增加有关。红葡萄品种的浆果软化、糖的积累和花青素的积累标志着浆果成熟的开始。在糖分积累和软化后，浆果体积约经 5 天迅速增加。软化似乎是浆果果皮细胞的膨压（P）降低以及随后细胞壁性质变化的结果。浆果增大被认为是由于细胞壁变化的两步过程：一是果皮细胞变化；二是表皮细胞变化。

众所周知，葡萄的水分状况会影响浆果大小和发育。据报道，缺水时浆果表皮单宁和花青素增加是由于浆果组织对缺水的应激反应，外果皮比内果皮受影响小。对经过不同灌溉处理的葡萄浆果进行的蛋白质组和转录组研究表明，在浆果发育的早期阶段，对水分状况的反应出现了代谢差异。浆果暴露于太阳下，其光照和温度成分也影响浆果与水的关系：过度暴露可能导致浆果温度过高，甚至晒伤，对葡萄浆果的水分和成分产生不利影响；由于花青素代谢对光和温度都有反应，所以完全暴露会减少浆果花青素的合成。

2. *矿物质*

矿物质是葡萄及葡萄植株生长发育的重要元素，适当矿物质供应对植物生产至关重要。浆果中矿物质吸收和转化取决于各元素在葡萄中的含量，这些矿物元素可能受到几个因素的影响，如葡萄水分状况和土壤耕作系统。K^+是成熟葡萄浆果中主要的阳离子，在酶激活、膜转运和渗透调节中起着重要作用，也影响着果实质量。

植物体 97%以上由 4 种元素组成：C、H、O 和 N。特别是由它们组成大分子化合物，如蛋白质、酶和辅酶、核酸、叶绿素、维生素和激素（如生长素和细胞分裂素）以及一些次级代谢产物（如生物碱），而矿物质对它们的形成至关重要。然而与水（H 和 O）或二氧化碳（C 和 O）形式进入植物的 C、H、O 相反，土壤中氮元素含量较低，这就是氮元素限制植物发育的主要因素之一。在自然界中，氮以不同的形式存在，包括分子 N_2、挥发性 NH_3 或氮氧化物（NO）、矿物氮（NO 和 NH）和有机氮（游离氨基酸、蛋白质和其他含氮有机化合物），其中氨基酸在浆果品质中起着重要作用。

磷是仅次于氮的第二大限制植物生长的常量矿物元素，它约占植物干重的 0.2%，是核酸、磷脂和 ATP 等关键分子的组成部分。因此，维持稳定的胞浆无机磷浓度对许多酶促反应至关重要。

与磷一样，细胞中 Ca^+浓度必须精细调节。因为它是信号转导的重要元素，是植物细胞生理和细胞对环境反应的核心调节因子。对于信号网中的这一关键作用，胞质 Ca^+浓度必须在稳态条件下保持较低且完全恒定，但它们也必须在内部或外部刺激和胁迫的反应中迅速变化。因此，只要有需要，Ca^{+}就会被重新转运到胞质溶液中，然后被带回储存细胞器液泡中，以启动或停止信号转导过程。

其他矿物元素对葡萄浆果细胞也起着重要作用。Mg^{2+}作为植物细胞中最丰富的游离二价阳离子，是叶绿素四吡咯中心原子，并具有调节细胞离子通量作用，也是参与光合作用、呼吸作用以及促进 DNA 和 RNA 合成多种酶的辅因子。尽管金属元素对葡萄浆果的生长和质量没有直接影响，但它们对树冠密度和葡萄浆果产量有很大作用，而树冠密度和产量与葡萄果实的营养供应直接相关。

硫是所有植物都需要的常量矿物元素，主要以 SO_4^{2-} 的形式存在。此外，它是植物中含量最低的常量矿物元素，占干物质的 0.1%，而氮和碳分别占 1.5%和 45%。与其他矿物元素不同，硫很少参与生物分子的结构组成，而是直接涉及其所属分子的化学或电化学反应。植物可以重新分解类似的无机 SO_4^{2-}，并将其还原为硫化物，硫化物被同化为半胱氨酸，是蛋白质合成的主要原料。此外，SO_4^{2-} 可以通过腺苷磷酸激酶作用直接结合到有机分子中。并且硫作为三肽谷胱甘肽（GSH）化合物参与氧化应激，还参与重金属胁迫反应和植物防御。硫在葡萄藤中发挥着重要的生理作用，并在葡萄园管理中广泛用于防治葡萄藤疾病。

虽然微量矿物元素在植物中含量很低，但在葡萄栽培中发挥着重要作用，从而影响果实的发育和产量。Sommer 和 Lipmann 等研究发现微量矿物元素对葡萄植株水分代谢具有重要作用。尽管植物需要微量矿物元素，但施加大量的微量矿物元素会损害葡萄植株的正常生长。与其他矿物元素一样，植物从土壤中吸收微量矿物元素，其生物利用度取决于几个因素，如土壤 pH、土质吸附营养成分能力、有机物质含量、氧化还原条件以及氢氧化物数量等。

3. 糖

成熟葡萄浆果的含糖量是鲜食葡萄以及葡萄酿酒的重要参数。浆果糖浓度是决定葡萄酒最终酒精含量的主要因素。葡萄皮和葡萄细胞中的糖和花青素含量之间存在关系，这表明糖的状态不仅对酒精含量很重要，而且对次生代谢产物的合成也很重要。浆果含糖量与葡萄酒质量和产量之间的关系极其复杂，并且尚不完全清楚。这可能是由于存在着大量因素影响它们之间的协同作用。普遍认为葡萄酒的高产量与高质量不兼容，例如顶级法国酒庄将产量限制在特定水平以下，其葡萄酒一直保持非常高的质量。

一些地区比较寒冷，葡萄采收时糖浓度不能满足酒精发酵要求，一些地区允许葡萄酒酿造过程添加糖，从而调整葡萄汁的可溶性固体含量，但大多数受到国家法律约束。最近，由于气候变暖，世界各地的许多葡萄园葡萄中糖浓度被发现过量。因此，在某些地区，必须采取措施避免过量糖积累对葡萄酒质量产生不利影响，并导致酒精和乳酸发酵出现问题。尤其是在炎热地区种植的葡萄，高糖度葡萄酿造出的酒会掩盖其他风味成分，生产出高酒精的葡萄酒。因此，在温暖地区，百利度为 24°作为判断优质酿酒葡萄的糖度标准。

葡萄浆果的成熟伴随着己糖的大量积累，以及各种酚类化合物和香气前体的合成和积累。浆果蔗糖量取决于光合作用和植株输送营养成分时将不同类型碳水化合物分配。为了应对营养生长、繁殖和环境胁迫，葡萄藤必须有效地将可用资源分配给营养组织和繁殖组织，各组织吸收利用营养成分的情况对每株葡萄的总产量、浆果中的糖浓度以及浆果和葡萄酒质量具有重要影响。葡萄藤光合作用产生的碳水化合物（蔗糖）从叶片中输出，并通过韧皮部转运到浆果中。葡萄藤积累和储存必要的碳水化合物，以支持第二年春天的初始生长，在某些情况下，甚至在果实成熟期，也能适应较低的温度。因此，每个生长季节都不是一个单独的葡萄浆果糖分累积过程，而是与前一个生长季节融合的过程。

光照与糖也存在着紧密联系。与未暴露或遮阴的果实相比，光照充足的葡萄浆果通常具有较高水平的总可溶性花青素和酚类物质。Bergqvist 等研究表明，可溶性固体随着阳光照射量的增加而增加。葡萄浆果中大量糖的运输和分解，决定了食用葡萄的甜度、葡萄酒的酒精含量，并调节基因表达，这些糖转运的机制和规律与光也存在一定关系。

4. 有机酸

在浆果的发育和成熟过程中，葡萄的浆果中有机酸（酒石酸和苹果酸）的产生是非常重要的，它会使葡萄、葡萄汁和葡萄酒具有低 pH 条件，此条件有助于减少微生物腐败和氧化作用，并且有机酸起到平衡糖的甜味和酒精的涩味作用，使葡萄酒酒体感官特性更理想。

在葡萄组织中有机酸组成是最早完整分析出的一类成分。Amerine 研究发现，浆果中存在酒石酸、苹果酸、柠檬酸、磷酸和单宁酸；Stafford 证实，葡萄叶片中除抗坏血酸外，其他所有单宁酸都存在，其中包括草酸，其形式为草酸钙晶体。Webb 和 Debolt 等也证实了葡萄浆果中存在草酸钙晶体。Kliewer 在浆果中发现了不少于 23 种酸，尽管其中大多数仅以微量存在。

到目前为止，葡萄浆果中主要的酸是酒石酸和苹果酸，这两种酸加在一起可能占浆果总酸度的 90%以上，在葡萄酒的酿造和随后的陈酿过程中，它们对葡萄汁和葡萄酒的 pH 贡献最大。酒石酸和苹果酸是二元酸，每个分子有两个可解离的质子，解离常数约为 2. 98 和 3. 46，它们分别代表了酿酒环境中重要的酸性条件。在葡萄酒 pH 为 3. 4 时，酒石酸的质子数约为苹果酸的三倍，也就是说酒石酸其酸性是苹果酸的 3 倍。并且从酿酒的角度来看，酸性阴离子，特别是酒石酸盐和苹果酸盐，在葡萄酒口味中发挥着重要的感官作用。苹果酸有一种令人不快的刺激性金属味，而酒石酸的味道通常被称为“矿物质或柑橘类”。在浆果成熟后期，损失的苹果酸可以通过压碎或之后添加酒石酸来补偿，通过这两种方式可以实现葡萄酒中 pH 和可滴定酸度的控制。与苹果酸不同，酒石酸不是乳酸菌微生物生长的代谢底物，所以其在酿造过程中浓度变化不大。而苹果酸在葡萄酒中被乳酸菌代谢利用转化为口感较软的乳酸，也就是发生苹果酸—乳酸发酵（Maloractic Fermentation，MLF），这一转化有助于提高葡萄酒的口感。但乳酸酸性较弱，使葡萄酒 pH 升高，导致氧化作用和微生物变质的风险增加。

从植物学的角度来看，酒石酸并不常见，只在少数物种中发现，大多浓度较低，没有已知的功能。然而在葡萄浆果中，酒石酸浓度却非常高，达到 7.5 g/L 左右。葡萄浆果中酒石酸在浆果内部合成，然后在成熟浆果的液泡中积累，从浆果形成的早期开始，一直持续 40～50 天。一旦形成，随着浆果的进一步成熟，酒石酸通常不会净损失。但有研究发现，当环境温度超过 30℃时，酒石酸可能会被代谢分解。

尽管酒石酸和 L-苹果酸（羟基丁二酸）在结构上非常相似，但已经证明两者有不同的代谢途径。L-苹果酸是葡萄生长过程中积累的第二大有机酸。与酒石酸不同，苹果酸在植物界分布广泛，并承担着许多独特而重要的代谢和生理作用。此外，与酒石酸相反，在浆果中形成的苹果酸在脱落期被分解。这一过程受到环境温度和发育的调节，使葡萄在收获时的酸成分发生显著变化。

5. 酚类

酚类化合物是一组具有广泛生物功能的多种次生产物。这些功能包括保护植物免受生物和非生物胁迫，以及对不同环境应激反应。葡萄浆果积累了大量的酚类化合物，主要是多酚。不同品种和生长环境中的酚类成分高度多样化。浆果中酚类物质有助于提高葡萄酒质量，对人类健康的许多方面都有益处。在葡萄浆果中主要有 3 种酚类化合物：酚酸、二苯乙烯和类黄酮。

（1）酚酸

酚酸类是具有单个 C6 环的分子，包括与苯基连接碳的苯甲酸（C6～C1）和与芳香环连接的 C3 骨架的羟基肉桂酸（C6～C3）。

葡萄浆果中苯甲酸，如龙胆酸、水杨酸和没食子酸，其积累量非常低。水杨酸及其挥发性酯（水杨酸甲酯）是介导植物对病原体感染反应的信号分子，水杨酸具有抗炎特性。在葡萄中水杨酸含量非常少，约为 40 μg/kg（鲜重），这使得从葡萄产品中摄入水杨酸几乎可以忽略不计。而没食子酸在葡萄中为 2～13 mg/kg（鲜重），主要存在于种子中，在种子中它经常与儿茶素形成酯。

羟基肉桂酸是葡萄浆果中主要的酚酸，其中香豆酸、咖啡酸和阿魏酸含量占主导地位。这三种羟基肉桂酸在芳香环取代基的类型和数量上都有所不同，主要以反式异构体的形式存在，但也已经检测到顺式异构体。羟基肉桂酸与酒石酸酯化，并由此生成香豆酸（反式对香豆酰基酒石酸）、咖啡酸（反式咖啡酰基酒石酸）和阿魏酸（反式阿魏酰基酒石酸）。在葡萄中羟基肉桂酸是葡萄汁和白葡萄酒中的主要酚类化合物；咖啡酸是白葡萄和红葡萄中主要的羟基肉桂酸酯。羟基肉桂酸酯的合成主要发生在葡萄成熟之前，之后成熟阶段其产生量非常少，并且随着果实体积的增加和溶质的稀释，其浓度也随之降低。成熟浆果中羟基肉桂酸盐的平均浓度取决于品种，约为 150 mg/kg（鲜重）。羟基肉桂酸酯对葡萄酒的味道没有任何直接作用，但最终它们会氧化为醌，这是一个由多酚氧化酶驱动的酶促过程，使葡萄酒发生褐变。

（2）二苯乙烯

二苯乙烯存在于一些可食用的植物中，其在葡萄中也存在。二苯乙烯含量从葡萄生长到成熟都在增加，不同品种的最终含量存在显著差异，并且它们的合成会随着病原体感染和对生物胁迫的反应而增加。某些二苯乙烯，特别是白藜芦醇，一直被认为对人类健康有益处。如反式白藜芦醇（3，5，4-三羟基二苯乙烯）是分子结构最简单的二苯乙烯，其具有抗菌活性。顺式白藜芦醇是反式白藜芦醇的异构体，其为芳香环之间空间位阻而形成的，这种化合物的稳定性不如其前体。白藜芦醇单元还会发生聚合作用，是将二苯乙烯单元转化为更复杂的化合物。例如白藜芦醇和白藜芦醇衍生物的氧化偶联作用就会形成二苯乙烯的二聚体、三聚体和四聚体。

（3）类黄酮

类黄酮是 C6-C3-C6 多酚类化合物，其中两个羟基苯环由一个三碳链连接，该链是杂环的一部分。黄酮类化合物包括黄酮醇、黄烷-3-醇和花青素；通过修饰立体结构、取代基的位置和类型（包括羟基、甲基、没食子酰基和糖基以及脂肪族和芳香族酸）以及碱性单元聚合程度形成多个变体化合物，每一类结构变体的数量会随着修饰形成不同而显著增加。不同葡萄浆果品种黄酮类化合物的总含量和组成也不相同，在一定程度上受到生物和非生物因素的调节。在葡萄浆果中，类黄酮仅在表皮中合成，它们充当紫外线保护剂。在果实早期发育过程中黄酮醇合成趋于稳定；在果实成熟过程中缓慢增加；在果实成熟后几周内，每个浆果的黄酮醇含量达到峰值。

6. 香气

葡萄浆果细胞是化合物的生物合成和积累场所，这些化合物可能会在葡萄酒中产生一些芳香风味，主要以两种形式存在：挥发性和非挥发性（香气前体），在葡萄酒酿造和陈酿过程中通过化学和生物化学反应释放。在酿造过程中，许多关键的挥发性化合物及其前体物质逐渐烯化。在这些化合物中最为常见的有甲氧基吡嗪、萜类化合物和 C13 去异戊二烯。它们代表了多种口味，如草本风味、水果风味、花卉风味等，在葡萄浆果中浓度都是微量。

（1）甲氧基吡嗪

甲氧基吡嗪是属于吡嗪基团的氮杂环化合物，在动物和植物中都大量存在。在各种甲氧基吡嗪中，烷基化二甲氧基吡嗪，如 2-甲氧基-3-异丁基吡嗪（IBMP）具有极低的挥发性。这些甲氧基吡嗪的气味像蔬菜，让人想起豌豆荚、青椒，还有化合物的气味像泥土类。在甜椒、豌豆荚、马铃薯和胡萝卜以及黑加仑子、树莓和黑莓中也发现了这些物质。IBMP 是葡萄、葡萄汁和葡萄酒中含量最高的香气化合物，在长相思葡萄汁中的浓度为 0.5~40 ng/L。IBMP 在赤霞珠葡萄和葡萄酒中的含量为 0.5~100 ng/L。最高含量通常出现在卡梅妮葡萄和葡萄酒中，其风味特征通常是草本风味。

（2）萜类化合物

萜烯是一类非常大且分布广泛的化合物。在这个化合物群体中，由 2 个异戊二烯单元形成的具有 10 个碳原子的萜烯（单萜烯），以及由 3 个异戊二烯单元形成具有 15 个碳原子的萜烯（倍半萜），其广泛存在于葡萄和葡萄酒中，并产生独特的气味。葡萄中主要有 40 种单萜化合物。从气味的角度来看，最重要的是单萜醇及其氧化物，如芳樟醇、香叶醇、香茅醇、

(E)-三烯醇、顺式（Z)-玫瑰氧化物和橙花醇，它们大多会产生花香。这些化合物的检测阈值很低，从几十微克到几百微克。

（3）C13 去异戊二烯

类胡萝卜素属于具有 40 个碳原子的萜烯家族（四萜烯)，其氧化降解会产生许多衍生物，其中包括有助于提高葡萄酒香气的 13 个碳原子非异戊二烯，即 C13 去异戊二烯。大多数为挥发性改性化合物，如β-大马士革酮和β-紫罗兰酮。β-大马士革酮让人想起苹果酱和热带水果的味道，许多葡萄品种中都鉴定出来，其嗅觉阈值很低，约为 2 ng/L，但仍能保持着对葡萄酒香气的重大贡献。β-紫罗兰酮具有强烈的紫罗兰气味，在水中的感知阈值为 120 ng/L，而在白葡萄酒中达到 4 μg/L。

（二）葡萄浆果与酿酒

葡萄浆果“完美成熟”是指水、矿物质、糖、氨基酸、有机酸以及风味和香气化合物等达到酿酒要求。成熟葡萄采收后，进行去梗、破碎、压榨、浸渍、发酵、陈酿等工艺过程（在第四章葡萄酒酿造与过程控制详细阐述)。然而由于各种条件的变化，有时候葡萄浆果并没有达到其完美的成熟度；有时候由于浆果受到病虫害等影响，使酿酒原料的各种成分不符合要求，同时工艺只能表现质量，不能创造质量。因此，需要对原料进行改良。

1. 提高含糖量

对于含糖量过低的葡萄原料，需要人为地提高原料的含糖量，从而提高葡萄酒的酒精度。最常见是加糖和加浓缩葡萄汁两种方式。此外，也可通过反渗透、冷冻提取和干化的方式提高原料的含糖量。一般糖采用结晶白砂糖（甘蔗糖或者甜菜糖)，其纯度>99%。

2. 降低含酸量

降低葡萄汁或葡萄酒含酸量的方法主要有 3 种，即物理降酸、化学降酸和生物降酸。生物降酸主要利用苹果酸—乳酸发酵，将苹果酸转化为乳酸。酿酒师则常选择物理降酸方法，包括低温贮藏或者添加低酸葡萄汁。化学方法是使用降酸剂，包括酒石酸钾、碳酸钙和碳酸氢钾，其中以碳酸钙最有效，而且最便宜，其降酸原理为碳酸钙与酒石酸形成不溶性的酒石酸氢盐，或与酒石酸氢盐形成中性钙盐，从而降低酸度，提高 pH。

3. 提高含酸量

增酸方法有葡萄汁混合、离子交换、化学方法和微生物方法等。OIV 规定，用于葡萄汁和葡萄酒的化学增酸剂只有乳酸、L（-）或 DL 苹果酸和 L（+）酒石酸，而且对葡萄汁和葡萄酒的增酸量，不能超过 4 g（酒石酸）/L（已经降酸的葡萄原料或者葡萄酒，不允许再增酸）。

需要注意的是，原料的改良并不能完全抵消浆果本身缺陷带来的后果。因此，要获得优质的葡萄酒，必须保证浆果达到最佳成熟度，且在采收过程中保证浆果完好无损和无污染。

二、果梗

果梗是支撑浆果的骨架。在转色期，果梗达到最大体积。在浆果成熟时，果梗占果穗总重量的 3%~6%，根据品种和年份不同而有所差异，如落果严重和僵果较多时果梗的比例会有所增加。果梗被认为会给葡萄酒带来植物香气和涩味，也会提高一些葡萄酒的芳香复杂性和新鲜度。

对于白葡萄酒酿造，通常在压榨过程中保留葡萄果梗，因为它们可以获得更好的汁液提取率。由于接触时间短，从果梗中提取的化合物含量相对较低。而在红葡萄酒酿造中，浸渍阶段是在压榨前，从葡萄皮中提取颜色，从葡萄籽中提取单宁。在 19 世纪末通过减少葡萄果梗苦味的方案，一般会采用去梗机除去葡萄果梗，直到现在大多数葡萄酒生产仍使用这一技术。然而在少数地区也会使用整串葡萄。葡萄果梗被认为是一种天然添加剂，它会给葡萄酒带来复杂性、新鲜度和酚类结构，并有助于在陈酿过程中保持化学稳定性，例如勃艮第的黑皮诺、卢瓦尔河谷的赤霞珠、博若莱的佳美、格鲁吉亚的卡赫蒂亚葡萄酒等。近年来，欧洲、澳大利亚和南非等国家和地区也对使用葡萄果梗表现出了浓厚的兴趣。

（一）主要组成成分

1. 水

水是葡萄果梗的主要成分，水占果梗重的 55%~80%。Rice 等测量了美国纽约州种植 10 个葡萄品种的新鲜葡萄果梗水分，葡萄果梗鲜重为 68.4%~79.1%。红葡萄和白葡萄之间没有发现显著差异，葡萄品种之间存在差异。

2. 纤维素、半纤维素和木质素

葡萄果梗与传统果蔬一样，所含纤维素是最丰富的生物聚合物，其次是半纤维素。纤维素含量为干物质的 12%~38%，其含量在葡萄品种之间存在差异。木质素含量为干物质的 13%~47%，研究表明葡萄品种或果梗成熟度存在差异。现阶段研究发现，葡萄成熟度对果梗纤维类成分的变化影响显著。

3. 蛋白质

葡萄果梗蛋白质含量为干物质的 5%~11%。其含量仅与茎成熟度或提取过程引起原料生物变异有关。值得注意的是，与木质素结合的抗性蛋白很难提取，表明蛋白质含量可能被低估。因此，葡萄果梗总蛋白质定量是复杂的。

4. 灰分

葡萄果梗灰分含量为干物质 6.9%，其含量与葡萄品种或产地无关。Prozil 等人使用电感耦合等离子体（ICP）分析葡萄果梗的金属阳离子组成，并确定钾是葡萄茎的主要矿物元素，金属元素含量 K 为 0.9%，Ca 为 0.15%，Mg 为 0.02%，Zn 为 0.01%，Na 小于 0.01%。

5. 酸和糖

葡萄果梗的酸含量用提取物的总酸度来估计，其范围为鲜重的 13.5~15.0 g/kg，占茎总重量的 1%~2%。葡萄果梗的糖含量较低，以葡萄糖测定的可溶性糖含量为鲜重 1.8~3.7 g/100 g。糖浓度的变化与葡萄品种有关，而与颜色无关。因此，与葡萄浆果（糖含量为鲜重的 14.9 g/100 g）相比，葡萄果梗并不能在葡萄酒酿造中作为糖源。

6. 酚类化合物

酚类化合物广泛存在于植物界，红葡萄中含有高浓度的酚类化合物，尤其是在葡萄的果肉、表皮和种子中。果梗提取物分析发现，其富含多酚化合物。

在白葡萄中，果梗的总多酚含量为干物质的 0.4~22.9 g/100 g；在红葡萄中为 0.35~38.4 g/100 g。总多酚含量的变异可归因于多种因素，包括葡萄品种、年份和地理位置。除了与葡萄及其生长条件有关的影响外，研究还发现提取方法对同一葡萄品种中总多酚含量有着显著影响。Makris 等人仅通过提取液的成分，获得 Roditis 葡萄品种果梗总酚含量为干物质的 3.12~7.47 g/100 g。

多酚类化合物分为两大类：非黄酮类化合物和黄酮类化合物。

①非黄酮类化合物，包括酚酸和二苯乙烯等。在葡萄果梗提取物中已鉴定出不同的酚酸：没食子酸、香豆素酸、丁香酸、阿魏酸、原儿茶酸、反式肉桂酸和其他未鉴定的氢能酸。这些酸也存在于葡萄的其他部位（如果肉、果皮或种子）或其他葡萄酒副产品（如果渣）中。葡萄果梗中的主要酚酸是咖啡酸和没食子酸。咖啡酸在白葡萄中的浓度为干物质的 5.1~12 820 mg/kg，在红葡萄中为干物质的 12.5~1500 mg/kg。在白色品种中，没食子酸的浓度达到干物质的 30~469 mg/kg，在红色品种中达到干物质的 6.5~300 mg/kg。二苯乙烯类主要包括反式白藜芦醇和 ε-葡萄素，反式白藜芦醇的值范围为干物质的 31~393 mg/kg，ε-葡萄素值范围为干物质的 1.91~900 mg/kg。研究发现，不同的品种、地理区域和年份葡萄果梗的二苯乙烯类含量之间差异显著。

②黄酮类化合物具有相同的基本结构，由 3 个碳连接的两个芳香环形成：C6-C3-C6。这组分子包括黄酮醇、黄烷醇和花青素。槲皮素衍生物是主要的黄酮醇，其次是山柰酚衍生物。槲皮素-3-*O*-葡萄糖醛酸、槲皮素-3-*O*-芸香糖苷和槲皮素-3-*O*-半乳糖苷似乎是葡萄果梗提取物中最丰富的黄酮醇。原花青素或缩合单宁以不同聚合状态存在于葡萄果梗中，其中原花青素是葡萄果梗提取物中最丰富的多酚类型。

（二）葡萄果梗与酿酒

在大多数白葡萄酒酿造的情况下，果梗被保留以供压榨，并与果渣一起去除。因为果梗起到了引流的作用，所以在压榨过程中保留果梗可以更好地提取汁液。对于红葡萄酒酿造来说，在发酵和浸渍过程中保留葡萄果梗可以提高酒的风味。

葡萄果梗可使葡萄酒发酵更完全，由于果梗空隙引入更多的氧气，从而促进酵母增殖，并且果梗含量在3%~20%时不会影响酿造温度或酒精发酵动力学。葡萄果梗中的物质随着酿造溶解在葡萄酒中，与葡萄果实中的化合物相互作用，最终使葡萄酒的整体平衡发生变化。葡萄酒中多种类型的化合物会受到果梗的影响，包括酸、灰分、醇和酚类化合物。

当将整串葡萄、生茎或干茎果梗放入大桶中，葡萄的 pH 会增加。pH 的增加并不总是显著的，可能与葡萄酒基质对酸碱平衡的高缓冲能力有关，而酸碱平衡主要取决于葡萄品种。酒石酸是葡萄酒和葡萄醪液中含量最高的酸，可能受到葡萄果梗添加的影响，但较少受到整个簇果梗使用的影响。随着果梗接触时间的延长，酒石酸的减少幅度增大，可能是由于酒石酸的沉淀造成的。葡萄果梗可以降低葡萄酒乙醇含量，其原因为果梗中水分在浸渍过程中可以转移到葡萄酒中，果梗表面也可以通过吸附捕获乙醇分子。

对于大多数葡萄品种来说，在酿酒过程中保留葡萄果梗会使总酚含量增加。酿造过程中在乙醇浓度不断增加的情况下，非黄酮类化合物含量依然保持恒定，而黄酮类化合物则显著减少。这可能是由苷元引起的，果梗可能会吸收这些化合物。不管什么葡萄品种，如果在浸渍过程中保留果梗或整簇，花青素含量都会显著增加，无论是新鲜的还是干燥的，这种增加似乎或多或少与酿造中的果梗数量有关。Ribéreau Gayon 和 Mihlé 研究的马尔贝克葡萄酒是唯一的例外：花青素含量随着茎的添加而降低，但与接触时间无关。当使用整簇葡萄时，花青素的浓度甚至更低，并且随着整簇葡萄比例的增加而下降。

在酿酒过程中使用果梗往往会降低颜色强度而增加色调，使葡萄酒呈现出更红的颜色。颜色变化有不同的原因：果梗中释放的水分、pH 对花青素转化作用以及果梗可能吸附花青素含量。在短时间浸渍中果梗对颜色强度的影响更为重要，而在长时间浸渍中往往没有显著影响。在 Casassa

等鉴定的14种挥发性化合物中，当在酿酒过程中使用整簇葡萄，β-大马士革酮的浓度显著升高。由100%整簇葡萄制成的葡萄酒会形成更高的肉桂酸乙酯和苯甲醛（香料和类似杏仁的气味浓度），而添加干果梗的葡萄酒则显示出较高水平的酯类（潜在的果香和花香）；同时，100%的整串葡萄酒具有更高的植物味、熟水果味和辛辣味，而用干茎酿造的葡萄酒具有更多的草药味和水果味。使用果梗或整簇葡萄时，酒中含有苦味和涩味。Pascual 等报道，赤霞珠葡萄酒的果梗增加了涩味和苦味。Casassa 等报道了黑比诺葡萄酒的新鲜茎或干燥茎无显著差异。葡萄果梗金属离子、酚类化合物和芳香族化合物的转移可能会引起平衡的变化。综上所述，可以解释葡萄果梗使葡萄酒味道复杂性的原因。

三、果皮

葡萄果皮占果穗总质量的8%左右。葡萄的果皮由表皮和皮层构成。欧亚种葡萄果实的表皮很薄，不透水，可用将果实在氢氧化钠溶液中浸泡的方法将之除去。在表皮上面，形成一层白色蜡状物质称为果霜，可使表皮不被湿润，并附着由风或昆虫带来的酵母菌或其他微生物。在果皮上还含有酚类物质和芳香物质。

（一）主要组成成分

1. 果霜

果霜由齐墩果酸组成，能够帮助葡萄果实保持湿度，降低水分流失。同时，果霜上还经常生长着葡萄园或者空气中天然存在的酵母菌，即人们常说的天然酵母。在不少坚持采用天然方式和生物法管理葡萄园和酿酒的酒庄中，天然酵母是用来让葡萄汁进行酒精发酵的唯一途径。与稳定性和一致性极佳的人工酵母相比，使用天然酵母可以给葡萄酒带来更多独特的风味，出产的葡萄酒也更为天然，能更好地反映当地的风土特征。

2. 酚类物质

酚类化合物由带有一个或多个羟基取代基的芳香环形成，分子范围从简单到高度聚合，分为两大类：黄酮类化合物，以花青素、黄酮醇、黄烷-3-醇、黄酮和查尔酮的亚类存在，非黄酮类化合物分为酚酸（羟基苯甲酸和羟基肉桂酸）、二苯乙烯、单宁、香豆素等。研究发现，葡萄果皮中发现的主要酚类化合物是花青素、黄酮醇、羟基苯甲酸、羟基肉桂酸和二苯乙烯，其组成取决于葡萄品种、葡萄园、气候和生产技术等。

红葡萄酒的颜色来源于葡萄皮中的花青素，这是一种水溶性色素，其色泽随 pH 的改变而不同，由此赋予了许多植物鲜艳明亮的颜色，茄子、紫甘蓝和甜菜根等也是因为花青素而呈现出紫红色的外观。研究发现，不同品种、葡萄园、气候和生产技术栽培的葡萄，其果皮酚类成分差异很大。单葡萄糖苷和双葡萄糖苷花青素在大部分葡萄中都存在，原产于欧亚大陆的葡萄中总花青素占主导地位，而原产于北美的葡萄中总花青素的比例相对较低。此外，乙酰化花青素葡萄中的乙酰花青素比其他品种的葡萄更丰富。白葡萄酒的颜色由类黄酮等化合物的浅色分子主导，它们大多呈绿色、黄色、浅稻草色甚至灰色。葡萄的色素主要存在于果皮中，果肉的颜色较浅。因此，红葡萄也可以用来酿制白葡萄酒。

单宁是一种常见于葡萄皮和葡萄梗中的多酚，能为葡萄酒增加复杂度和陈年潜力。在红葡萄酒浸渍和发酵过程中，单宁和色素会一起融入酒中。由于白葡萄酒浸渍时间过短，因而不含单宁或者单宁含量很少。同时，酿酒师也会根据葡萄酒风格来选择相应的酿造工艺，以控制红葡萄酒中的单宁含量。延长浸渍时间一般用于酿制黑皮诺葡萄酒，以增强口感；缩短浸渍时间则可能会用来酿造赤霞珠葡萄酒，使酿造出的葡萄酒口感相对柔和一些。

3. 芳香物质

葡萄酒的香气是很多人喜爱它的原因，而在众多的香气类型中，又有很多人对清新的果香与植物香气情有独钟。这些果香和植物气息就是人们常说的“一类香气”，它们大多来自葡萄果皮中的芳香化合物与多酚，如带有草本风味的吡嗪类、带有水果风味的酯类、带有花香风味的萜类等。酿酒师可以通过浸渍时间来控制葡萄酒的风味浓度，浸渍时间越长，葡萄酒的风味越浓郁。

芳香物质是葡萄果皮中的主要气味物质，存在于果皮的下表皮细胞中。各种葡萄品种特殊的果香味取决于它们所含有的芳香物质的种类。葡萄的香味对于每一个品种是特定的，但其浓度和优雅度取决于品种、种植方式、年份、生态条件和浆果的成熟度。葡萄的芳香物质种类很多，以游离态和结合态两种形态存在。游离态的芳香物质具有挥发性，而结合态的芳香物质不具挥发性，因此，只有游离态的芳香物质才具有气味。结合态的芳香物质只有转变为游离态的芳香物质后，才具有气味。

游离态的芳香物质是引起嗅觉和味觉的挥发性物质。芳香物中水杨酸乙酯，存在于所有葡萄品种中；而氨茴酸甲酯，是美洲葡萄和它的杂种的特有成分，具有狐臭味；酯类与酸和醇通过酯化作用形成的气味物质，通常具有果香或花香气味，包括甲酸乙酯、乙酸甲酯和乙酸乙酯，具苹果气味；醛类通常具有花香气味，包括苯丙醛、乙醛、肉桂醛、茴香醛等；萜烯类化合物具有5的倍数的碳原子，其中一些具有很好的柠檬气味和玫瑰气味，包括萜烯类化合香茅醇、牻牛儿醇和橙花醇、里啦醇。

在对原料的机械处理过程中，葡萄汁的香气变浓。这是因为葡萄处理过程中葡萄果皮中的芳香物质糖苷，被分解为游离态的芳香物质和糖类。此外，葡萄中的其他成分也会在葡萄酒的酿造过程中，变为挥发性物质。芳香物质的糖苷为葡萄中游离态芳香物质的3~10倍，由于它们主要存在于葡萄果皮中，所以应尽量延长葡萄汁和果皮的接触（即加强浸渍作用）时间，以促进芳香物质的糖苷进入葡萄汁，并释放出游离态的芳香物质。萜烯类化合物的糖苷占芳香物质糖苷的绝大部分。它们通过酶解而释放出具有气味的糖苷配基—萜烯醇，促使芳香物质分解而释放出游离态芳香物质的酶是糖苷酶。葡萄中糖苷酶部分地被葡萄汁中的糖所抑制，但有的酵母菌（即芳香酵母）的酶系统可在酒精发酵过程中使未分解的糖苷继续分解，释放出游离态的芳香物质。

4. 其他成分

葡萄果皮含有纤维素、半纤维素、果胶、木质素、多糖和酚类物质等。研究发现，果皮中木质素含量达到干物质的 7.9%~36.1%、中性糖含量达到干物质的 4.9%~14.6%、糖醛酸含量达到干物质的 3.6%~8.5%、果胶成分含量达到干物质的 1%~24%。

(二) 葡萄果皮与酿酒

在表皮浸渍期间，酚类化合物会从葡萄转移到葡萄汁中。研究还发现几种酿酒方法，包括调整发酵温度和果皮浸渍时间、低温预浸渍技术、改变皮汁比例、添加浸渍酶或使用脉冲电场处理等新技术，可以增加葡萄酒中酚类含量，也可以改变成分。Guerra 报道称，在葡萄酒中只能检测到 10%~24%的葡萄原花青素。

葡萄酒的感官受葡萄果皮中浸渍出酚类化合物及其在葡萄酒中后续发酵和陈酿过程酚类化合物反应的影响。在酒精发酵结束时，口感特征酸度、涩味和苦味都会有不同程度的变化。浸渍时间越长，葡萄酒收敛性越高，这种收敛性由涩味引起，涩味是由原花青素刺激味蕾而产生的感官特性，也是红葡萄酒的一大特色。酸度往往随着浸渍时间的增加而降低，这种差异并不是十分显著。酸度随着浸渍时间的增加而降低，这可能是由于钾浓度的增加导致酒石酸盐沉淀的增加。苦味随着葡萄果皮浸时间和酿造时间延长而变得更苦。

四、果籽

葡萄果籽中含有损害葡萄酒风味的物质——脂肪、树脂、挥发酸等。这些成分如果在发酵过程中进入酒液，会严重影响成品酒的质量，所以葡萄在破碎阶段，尽量避免压迫果籽。正常情况下，一粒浆果有 4 颗种子，但如果有一至几个子房没有受精，种子数量就少于 4，也有无核（如无核白）品种。葡萄籽占葡萄总重量的 2%~5%。葡萄籽中含有 5%~8%的丹宁。葡萄籽的主要化学成分中除了单宁外，大部分都在表面的细胞中，不易溶解在葡萄酒中。发酵完毕，葡萄籽中可以生产副产品——葡萄籽油，其含量为 10%~20%。

第二节　葡萄栽培和葡萄园管理

优质葡萄酒原料是一系列复杂因素相互作用的结果，包括品种、地理位置、土壤管理、气候条件和葡萄栽培技术等，它们影响葡萄的生长适宜性、葡萄酒生产和质量以及经济可持续性。这些影响因素中，葡萄栽培技术尤为重要。葡萄酒种植者已经认识到，特定的葡萄栽培技术可以带来更好的葡萄成分，从而获得更好的葡萄酒，如修剪藤蔓树冠，尽量减少葡萄果实的遮阴；移除葡萄果实区的叶子，使葡萄果实暴露；调整特定的训练系统以优化葡萄果实成分等。

一、水分管理

气候变化对降雨量有重大影响，干旱或洪水的发生会改变葡萄生长，进而影响葡萄的产量和质量。因此，需要排水或灌溉以稳定产量，同时保持葡萄的质量。排水或灌溉的强度和时间影响浆果代谢的变化，从而影响葡萄酒的香气和风味。

葡萄喜干忌湿，土壤水分过多降低果实质量，严重时抑制根系呼吸，长期积水可使葡萄整株死亡。葡萄园建立首先要考虑排水问题。Des Gachons 研究表明，轻度排水和适当施入氮肥，显著增加葡萄香气潜力。研究表明灌溉提高香气前体硫醇物质含量，同时增加了香气成分的种类和含量，如芳樟醇、α-萜品醇、甲氧基吡嗪和去异戊二烯。

葡萄在各个生长时期对水分的需求不同。萌芽期、开花期一般雨水较多，无须灌水。之后进入果实膨大和转色，主要是梅雨后的 7 月和 8 月，这时候往往高温干燥，如果缺水将直接影响果实。在意大利西北部，灌溉对葡萄挥发性香气影响的研究表现，适当灌溉使葡萄的游离芳樟醇和香叶醇浓度高于干旱条件下。

研究还发现有效控制水分胁迫持续时间，有助于提高葡萄收获时次生代谢产物的浓度，增加游离挥发性萜烯和潜在挥发性萜烯含量。这可能是因为缺水可以通过上调甲基赤藓糖醇磷酸途径（MEP）的基因，提高羟基-3-甲基丁-2-烯基二磷酸还原酶和萜烯合成酶活力，从而增加葡萄中萜烯的浓度。

二、生长调节剂

在葡萄藤叶面上施用生长调节剂已成为提高葡萄质量和预防葡萄藤疾病的一种有效措施。生长调节剂种类繁多，包括蛋白质水解产物、植物提取物、无机化合物、生物和非生物生长调节剂以及有益细菌和真菌，它们能够引发先天免疫反应，从而在葡萄藤中合成次级代谢产物。

研究表明低剂量的氮生物刺激剂（叶面施用苯丙氨酸）可以改善酯类和苯类化合物的合成，降低萜类和 C_6 化合物的浓度；然而，它对葡萄果肉中 C_{13} 去异戊二烯类化合物的影响尚不清楚，最高剂量的苯丙氨酸增加了除 C_6 化合物外的所有化合物的含量。尽管茉莉酸甲酯对葡萄氨基酸含量的影响尚不完全清楚，但一些数据表明，茉莉酸甲酯（生长调节剂）通过增加香叶基二磷酸合成酶活力来促进萜烯代谢的激活。研究叶栎木提取物喷施在霞多丽葡萄藤，发现可以提高浆果的糖苷香气前体含量，包括醇类、C_6 化合物、酚类、萜烯类和 C_{13} 去甲异戊二烯类化合物。在另一项研究中，从蚯蚓堆肥中提取腐殖酸向葡萄叶片上喷洒，观察到葡萄藤的果实质量和香气普遍提高。

三、施肥

葡萄营养是葡萄酒质量的重要因素，而葡萄藤营养对葡萄产量和质量起着至关重要的作用。葡萄藤营养受多种原因影响，从而影响葡萄酒的品质。采用施肥措施可以调整葡萄藤营养失衡问题，包括叶面施用和土壤施用两种方式。大部分情况采用土壤施用，而叶面施用主要用于小规模施肥校正的情况，但当表层土壤非常干燥或根系活性降低时，也可以采用叶面施用。

氮素影响葡萄藤生长活力和葡萄浆果的品质，可以通过施氮增加浆果的氮含量。在发酵过程中葡萄酒香气成分和必需氨基酸之间关系密切，氮素促进葡萄香气前体物质氨基酸的产生；其中异丁醇、异戊醇和苯乙醇分别来源于异亮氨酸、亮氨酸和缬氨酸。此外，苯丙氨酸、苏氨酸和天冬氨酸是对发酵过程影响最大的氨基酸。灌溉和氮肥协同效果的研究表明，土壤和叶面氮的联合施用对霞多丽葡萄藤生长有影响，促使氨基酸和糖基化前体物质总浓度显著增加。Choné 等人研究表明，葡萄藤氮供应是平衡品种香气表现的主要因素，显著增加了浆果中 S-半胱氨酸缀合物前体、谷胱甘肽和酚类物质的含量。

四、疏花

葡萄果实生长和营养供应的适当平衡是果实成熟的基础。在葡萄园中，提高葡萄的产量，可能会延迟成熟，从而导致浆果质量降低。葡萄一个花序中可有 300~1500 个花朵，严重超过为形成饱满的果穗所需要的果粒数。因此，为了让花朵更好发育，将发育差的弱小花序和分布过密或位置不适当的花序疏掉，使养分集中供应留下的优良花序。同时根据植株负载量的要求疏除过多的花序，以保证养分供应。葡萄花蕾很小，对葡萄疏花，不是疏除单个的花蕾，而是通过掐穗尖、疏小穗、去副穗来实现的。花穗整形一般在开花一周前进行。疏花是葡萄栽培中防止过度种植和提高葡萄质量的有效措施。

研究表明疏花疏果有助于提高萜烯含量，浆果的萜烯与风味和香气特征的变化有关。研究长相思葡萄浆果发育不同阶段（转色期前后）疏花时间对葡萄品质和产量构成的影响，发现疏花增加单萜物质浓度，而香气成分与疏花量的增加呈正相关。

五、修剪

修剪是葡萄栽培中非常重要的管理措施之一。修剪是指在休眠期间移除或修剪葡萄藤的枝条和叶子，以控制生长、增加产量和改善果实质量。

光照强度和叶片数量对葡萄浆果香气分子的影响研究发现，葡萄浆果的游离香气挥发物、糖基化香气前体、C_{13} 去甲异戊二烯、甲氧基吡嗪和萜烯均显著变化。技术人员将意大利雷司令叶片去除，将每个枝条上去除5片基生叶，葡萄酒酒体和成分发生变化；同时，还发现增加光照可以提高葡萄中黄酮类化合物的含量。在大多数情况下，未进行除叶处理葡萄的羟基苯甲酸、儿茶素、表儿茶素和风味水平含量减少。对雷司令研究表明，葡萄浆果中结合和游离的芳香化合物如芳樟醇、香叶醇、己烯-1-醇，α-萜品醇以及β-大马士革酮受到光照强度影响，光照强度显著提高芳香化合物浓度。对葡萄浆果结果后除叶效果研究发现，在浆果发育的早期阶段，增加果穗暴露会降低甲氧基吡嗪的浓度；而在收获时，光照会进一步促使浆果中甲氧基吡嗪降解。

六、遮阴

葡萄是一种喜欢阳光的作物，但过度阳光照射会导致果实受损，影响果实品质和产量。因此，葡萄需要遮阴来保护果实。大量研究表明，遮阴降低叶片表面的光合作用，使葡萄藤顶层和果实的温度都降低 7℃，从而延迟浆果成熟。而过度暴露在阳光下或者浆果温度过高，都会降低甲氧基吡嗪的含量。在成熟过程中葡萄浆果裸露使糖苷结合的单萜和多元醇、去异戊二烯浓度保持在最高水平，并且在收获时明显高于部分和完全遮阴的果实。使用遮阴网对霞多丽葡萄藤处理进行评估，发现无落叶和遮阴处理、全落叶（东西侧）处理以及遮阴网处理的 3 种方法，葡萄糖苷、黄酮醇、总硫醇和羧酸浓度等成分变化受到遮阴影响。遮阴是应对葡萄栽培中葡萄浆果环境变暖的一种方法，可以减缓葡萄的成熟过程，有利于芳香化合物在葡萄中的积累。然而，这种方法需要谨慎应用。

由于全球气候变化和气温上升，酿酒技术人员越来越迫切寻找新的措施，解决由此带来葡萄园中葡萄质量下降的危机。改良品种、改善葡萄栽培和葡萄园管理措施可以提高浆果品质，水分管理、生物调节剂、施肥、疏花、修剪、遮阴等农业技术都被证明是提高葡萄品质的可持续措施。

第三节　葡萄浆果的成熟

理论上，葡萄的“完美成熟”是存在的，但是在实践中，不同类型或风格的葡萄酒对葡萄果实成熟度的要求不同，很难指定一个特定阶段或是时间点作为通用的葡萄成熟标准。葡萄的成熟是一个持续不断的过程，而判断葡萄果实是否达到完美成熟度则是一个主观的综合过程。通常，酿酒师会根据想要酿造的葡萄酒类型或风格给葡萄定一个成熟度的“小目标”，而收成的时机就是葡萄在成熟过程中最符合这个目标的时间点。

一、葡萄浆果成熟的不同阶段

葡萄浆果成熟遵循双S形生长曲线，可分为3个主要发育阶段，主要表现为可溶性固形物（百利糖度，°Brix）增加、可滴定酸度（titratable acidity，TA）降低和浆果直径增大。

（一）第一阶段

幼果期是从结果到果实膨大结束，浆果保持坚硬和绿色，以°Brix为单位测量的总可溶性糖在发育早期保持较低水平。有机酸，主要是酒石酸和苹果酸，随着成熟的开始，在浆果中以高浓度积累。细胞分裂和伸长是由生长激素、赤霉素和细胞分裂素诱导的，这些生长激素在此阶段处于高浓度。生长激素水平在单个浆果中也有所不同，这取决于种子含量（高或低）。

（二）第二阶段

转色期是葡萄浆果着色时期，在这一时期，浆果不再膨大，果皮叶绿素大量分解，白色品种果色变浅，呈微透明状；有色品种果皮开始积累色素，由绿色逐渐转为红色、深蓝色等，激素变化也非常明显。有证据表明，脱落酸在葡萄浆果成熟初期发挥着重要作用，包括着色、糖积累和软化，而其他激素相互作用控制成熟的不同方面。在葡萄成熟期间，乙烯含量较低；在成熟之前，乙烯含量短暂增加，对激素的敏感性也有所提高。合成生长激素的应用会导致葡萄成熟延迟，从而导致糖、花青素的积累延迟和成熟相关转录物的基因表达改变。

（三）第三阶段

成熟期是从转色期结束到浆果成熟，浆果再次膨大，含酸量迅速降低，含糖量增高。成熟初期，浆果总可溶性糖迅速增加，糖变化对代谢进行微调节，细胞迅速膨胀，这可能是乙烯迅速增加引起的，有机酸也会随着成熟而迅速减少。

二、葡萄浆果成熟的确定

（一）酸

果实成熟度可以根据滴定酸度和 pH 来确定，它们都可以用来表明葡萄果实中的有机酸含量。葡萄中的有机酸有助于阻止葡萄和葡萄汁腐败变质，同时还能给葡萄酒带来清爽明快的口感，是平衡葡萄酒风味的重要组成部分。而在葡萄成熟的过程中，有机酸的含量会降低，而钾的含量则会升高，pH 也会由此升高。因此，及时且准确地评估葡萄果实中酸的含量和发展状况，从而确定适宜的葡萄采摘时间，对酿成所期望风格的葡萄酒十分重要。

从浆果发育的最初到最后阶段，有机酸是通过糖酵解和草酸途径产生的。在浆果发育过程中，由于代谢活动，酸度水平不断变化。通常，酒石酸和苹果酸占葡萄中总酸的 90%，其中酒石酸占主导地位。其他有机酸，如琥珀酸、乙酸、柠檬酸、乳酸、富马酸和草酸，可以根据环境条件和栽培品种而不同。葡萄的酸度通常用可滴定酸度来表示，是葡萄酒用来评估果汁和葡萄酒质量的一个重要参数。影响有机酸组成的条件有很多，如栽培品种、生长区域或环境因素（光照、湿度和温度）。

苹果酸是在分解代谢途径（如糖酵解）中合成的中间产物，也是呼吸过程中释放 CO_2 再分解的副产物。苹果酸与温度直接相关，在较热的气候中，苹果酸的降解速度较快，催化苹果酸转化为丙酮酸的苹果酸酶活性与温度直接相关。随着温度的升高，苹果酸酶活性也随之升高。在转色期之前，葡萄苹果酸积累的最佳温度为20~25℃，但在38℃以上的温度下会急剧下降。在转色期之后，苹果酸和酒石酸的降解取决于呼吸速率，而呼吸速率由温度决定。苹果酸的化学性质也会影响可滴定酸度与pH的关系，从而对酿酒过程产生影响，最终影响葡萄酒的缓冲能力。葡萄汁的缓冲能力影响葡萄酒产品的理化性质、微生物稳定性和风味平衡。为了避免酸缓冲能力失衡，酿酒师可以添加酒石酸钙或碳酸氢钙，以影响游离酸的比例及其盐的形式；也可以进行苹果酸-乳酸发酵，这是一种利用细菌将苹果酸转化为酸性较低的乳酸的二次发酵。

酒石酸与苹果酸一样，是在白藜芦醇生成之前形成的。酒石酸是葡萄糖和抗坏血酸代谢形成的次级产物。对大多数品种来说，酒石酸是主要的酸。提取白藜芦醇后，由于糖和水流入浆果而稀释，酒石酸浓度降低。然而，与苹果酸不同的是，酒石酸几乎没有降解，只有微量的酒石酸因为呼吸代谢而减少。有机酸代谢和糖积累之间没有直接关系，因此，当葡萄中的糖含量增加时，酸含量不一定会减少。然而，比较有机酸（可滴定酸度）和糖（可溶性固体）的浓度可以为葡萄种植者提供葡萄浆果发育的视角。

（二）糖

测量葡萄果实的葡萄汁含糖量是获知葡萄成熟度的一个可靠方法。随着葡萄果实的成熟，果实中糖分会不断累积，酸度会不断下降，而这会最终影响成酒的酒精度和风格。

葡萄浆果在转色期之后，开始软化和膨胀，木质部流动减慢，富含糖的韧皮部汁液成为葡萄的主要来源。当浆果成熟时，韧皮部流动继续，直到浆果成熟。浆果成熟后，韧皮部流动受到抑制，水和糖的供应被切断。糖的积累依赖于叶片的光合作用，并通过韧皮部以蔗糖的形式输送到浆果中。进入浆果后，它被分解成葡萄糖和果糖；葡萄糖和果糖约占葡萄汁中总碳水化合物的99%，为可溶性固形物的主要成分。葡萄糖和果糖决定葡萄酒品质，是甜味的主要来源，有助于平衡酸味、苦味和涩味。更重要的是，葡萄汁中的己糖通过酵母的厌氧发酵转化为酒精。

品尝果实和观察葡萄生长状态，也可以在一定程度上评估葡萄的成熟情况。不过，这种做法对成熟状态和糖分含量的评估具有一定的主观性，同时也会受到品尝的葡萄是否具有代表性的影响，因此它大多是对定量测量的一种补充。除此以外，酿酒师和葡萄种植者也在继续积极探索如何更好地判断葡萄成熟度，从而更精准地选取葡萄采收时间，以更好地掌握葡萄酒风格和品质。例如在判断红葡萄的成熟度的时候，对花青素和单宁等酚类物质的评估就被证明是行之有效的方法。此外，还有一些人正在致力于研究能够评估葡萄果实潜在风味的方法。

三、葡萄采收期的确定

在确定采收期以前，应选定最佳成熟系数（M）并进行试验选择成熟系数值最佳时间点，每年的成熟系数值应近似。

（一）利用成熟系数值确定采收期

在使用成熟系数值确定采收期时，应包括以下步骤。

1. 取样

最好的取样方法是在同一葡萄园中，按一定的间距选取 250 棵植株，在每棵植株上随机取一粒葡萄，但在不同植株上，应注意更换所取葡萄粒的着生方向。每次取样应在同一葡萄园中的相同植株上进行。因此，最好在所选取的植株上作好标记，以便重复取样。每次取样之间的间隔时间不能过长或过短，一般在采收前 3 周开始，每 3~4 天取一次。

2. 分析

每次取样后，应马上进行分析。将采取的 250 粒浆果压汁，混匀，取样分析含糖量和含酸量。

3. 结果

将分析结果绘于坐标纸上，时间为横轴，含糖量、含酸量、成熟系数为纵轴。这样绘出的曲线能够代表品种、地区以及年份的特点，并能帮助确定最佳采收期。当然，在所取的样品中，除分析成熟系数 M 的变化外，还应分析苹果酸（干白葡萄酒）、多酚成熟度（红葡萄酒）、可吸收氮和卫生状况的变化。

（二）利用品尝确定采收期

在实践中，我们通常利用成熟度控制的方法来确定酿酒葡萄的采收期。成熟度控制的方法，就是通过在葡萄转色后定期采样，分析葡萄浆果的糖、酸、pH、色素、丹宁等指标。但在确定采收期时，这些资料仍显不足。而对葡萄浆果的感官分析（即品尝），可对上述化学分析结果进行补充，而成为评价葡萄成熟度的实用方法，特别是在评价葡萄的技术成熟度和酿酒的质量潜能方面具有重要的作用。

1. 取样

由于同一果穗内部的果粒成熟度差异很大，在每个葡萄园中，必须取多个样本进行品尝。具体方法是：在每个葡萄园中，随机取 3 个果穗，每个果穗取 1 粒葡萄进行品尝；每个葡萄园应重复进行 3~4 次品尝。

2. 品尝

在进行葡萄的感官分析时，其步骤是先品尝果肉，然后品尝果皮和种子。在对葡萄进行外观分析后，应在口中将果皮和种子挤在一边，单独品尝果肉，以通过糖酸平衡、有无生青味等，确定果肉成熟度；通过果皮的品尝，可以了解香气、丹宁量以及有无生青味等；最后，在对种子进行感官分析时，应注意颜色、硬度，丹宁的味感等。此外，对于所有的样品，在口中对果皮和种子咀嚼的次数（10~15）都应保持一致。总之，品尝的步骤如下。①外观及触觉：果皮颜色，果粒硬度、是否易脱落等。②果肉口感：糖，酸，粘连度，香味等。③果皮口感：硬度，酸度，丹宁，涩味，香气等。④种子：颜色，硬度，丹宁。

参考文献

[1] Coombe B G. Research on development and ripening of the grape berry [J]. Am J E-

nol Viticult, 1992, 43 (1): 101-110.

[2] Greenspan M D, Shackel K D, Matthews M A. Developmental changes in the diurnal water budget of the grape berry exposed to water deficits [J]. Plant Cell Environ, 1994, 17 (7): 811-820.

[3] Lang A, Thorpe M R. Xylem. Phloem and transpiration flows in a grape: application of a technique for measuring the volume of attached fruits to high resolution using Archimedes' Principle [J]. Journal Experimental Botany, 1989, 40 (10): 1069-1078.

[4] Greenspan M D, Schultz H R, Matthews M A. Field evaluation of water transport in grape berries during water deficits [J]. Physiol Plantarum, 1996, 97 (1): 55-62.

[5] Matthews M A, Shackel K A. Vascular Transport in Plants: 9-Growth and water transport in fleshy fruit [M]. California: Academic Press, Burlington, 2005: 189-197.

[6] Huang X M, Huang H B. Early post-veraison growth in grapes: evidence for a two-step mode of berry enlargement [J]. Aust J Grape Wine R, 2001 (7): 132-136.

[7] Bravdo B, Hepner Y, Loinger C, et al. Effect of irrigation and crop level on growth, yield and wine quality of Cabernet Sauvignon [J]. Am J Enol Viticult, 1985, 36 (2): 132-139.

[8] Roby G, Harbertson J F, Adams D A, et al. Berry size and vine water deficits as factors in winegrape composition: anthocyanins and tannins [J]. Aust J Grape Wine R, 2004 (10): 100-107.

[9] Chaves M M, Zarouk O, Francisco R, et al. Grapevine under deficit irrigation: hints from physiological andmolecular data [J]. Ann Bot, 2010, 105 (5): 661-676.

[10] Santos T P, Lopes C M, Rodrigues M L, et al. Effects of deficit irrigation strategies on cluster microclimate for improving fruit composition of Moscatel field-grown grapevines [J] Scientia Horticulturae, 2007, 112 (3): 321-330.

[11] Haselgrove L, Botting D, Van Heeswijck R, et al. Canopy microclimate and berry composition: The effect of bunch exposure on the phenolic composition of Vitis

vinifera Lcv. Shiraz grape berries [J]. Aust J Grape Wine R, 20006 (2): 141-149.

[12] Smart R E, Smith S M, Winchester R V. Light quality and quantity effects on fruit ripening for cabernet sauvignon [J]. Am J Enol Vitic, 1988, 39 (3): 250-258.

[13] Spayd S E, Tarara J M, Mee D L, et al. Separation of sunlight and temperature effects on the composition of *Vitis vizifera cv.* Merlot berries [J]. Am J Enol Vitic, 2002, 53 (3): 171-182.

[14] Etchebarne F, Ojeda H, Deloire A. Grape berry mineral composition in relation to vine water status & leaf area/fruit ratio [C]. Roubelakis-Angelakis KA, Grapevine Molecular Physiology&Biotechnology, Springer, 2009, 53-72.

[15] Schaller K. Influence of different soil tillage systems on uptake of N, P, K, Mg, Ca, and organic N-compounds by grape berries during growth and development of the variety "white Riesling" [J]. Bulletin OIV, 1999, 72 (823-824): 603-629.

[16] Wermelinger B. Nitrogen dynamics in grapevine: Physiology and modeling [J]. Proceedings of the International Symposium on Nitrogen in Grapes and Wine, Seatle, 1991, 23-31.

[17] Williams L E, Miller A J. Transporters responsible for the uptake and partitioning of nitrogenous solutes [J]. Annu Rev Plant Physiol Plant Mol Biol, 2001 (52): 659-688.

[18] Schachtman D P, Reid R J, Ayling S M. Phosphorus uptake by plants: from soil to cell [J]. Plant Physiol, 1998 (116): 447-453.

[19] Dodd A N. Kudla J. Sanders D. The language of calcium signaling [J]. Annu Rev Plant Biol, 2010 (61): 593-620.

[20] Fontes N, Silva R, Vignault C, et al. Purification and functional characterization of protoplasts and intact vacuoles from grape cells [J]. BMC Research Notes, 2010 (3): 19.

[21] White P J, Broadley M R. Calcium in Plants [J]. Ann Bot, 2003, 92 (4): 487-511.

[22] Shaul O. Magnesium transport and function in plants: the tip of the iceberg [J]. BioMetals, 2002, 15 (3): 309-323.

[23] Tavares S. Uptake and assimilation of sulfate in Vitis vinifera: A molecular and physiological approach [D]. Portugal, Universidade Tecnica de Lisboa, 2009.

[24] Leustek T, Martin M N, Bick J A, et al. Pathways and regulation of sulfur metabolism revealed through molecular and genetic studies [J]. Annu Rev Plant Physiol Plant Mol Biol, 2000 (51): 141-165.

[25] Lee S, Leustek T. APS kinase from *Arabidopsis thaliana*: genomic organization, expression, and kinetic analysis of the recombinant enzyme [J]. Biochem Biophys Res Commun, 1998, 247 (1): 171-175.

[26] Sommer A L, Lipman C B. Evidence on the indispensable nature of zinc and boron for higher green plants [J]. Plant Physiol, 1926, 1 (3): 231-249.

[27] Reichman S M. The responses of plants to metal toxicity: A review focusing on copper, manganese and zinc [C]. Australian Minerals&Energy Environmental Foundation, 2002.

[28] Pirie A, Mullins M G. Interrelationships of sugars, anthocyanins, total phenols, and dry weight in the skin of grape berries during ripening [J]. Am J Enol Vitic, 1977, 28 (4): 204-209.

[29] Hunter J J, De Villiers O T, Watts J E. The effect of partial defoliation on quality characteristics of *Vitis vinifera L. cv.* Cabernet Sauvignon grapes. Ⅱ. Skin color, skin sugar, and wine quality [J]. Am J Enol Vitic, 1991, 42 (3): 13-18.

[30] Larronde F, Krisa S, Decendit A, et al. Regulation of polyphenols production in *Vitis vinifera* cell suspension cultures by sugars [J]. Plant Cell Reports, 1998 (17): 946-950.

[31] Jackson D I, Lombard P B. Environmental and management practices affecting grape composition and wine quality—A review [J]. Am J Enol Vitic, 1993, 44 (4): 409-430.

[32] Mira de Orduna R. Climate change associated effects on grape and wine quality and production [J]. Food Res Int, 2010 (43): 1844-1855.

[33] Swanson C A, Elshishiny E D H. Translocation of sugars in the Concord grape [J]. Plant Physiol, 1958, 33 (1): 33-37.

[34] Hawker J S. Changes in activities of enzymes concerned with sugar metabolism dur-

ing development of grape berries [J]. Phytochemistry, 1969, 8 (1): 9-17.

[35] Howell S S, Candolfi-Vasconcelos M C, Koblet W. Response of Pinot noir grapevine growth, yield, and fruit composition to defoliation the previous growing season [J]. Am J Enol Vitic, 1994, 45 (2): 188-191.

[36] Bergqvist J, Dokoozlian N, Ebisuda N. Sunlight exposure and temperature effects on berry growth and composition of Cabernet Sauvignon and Grenache in the central San Joaquin valley of California [J]. Am J Enol Vitic, 2001, 52 (1): 1-7.

[37] Amerine M A. The Maturation of wine grapes [J]. Wines and Vines 1956, 37 (11): 53-55.

[38] Stafford H. Distribution of tartaric acid in the leaves of certain angiosperms [J]. American Journal of Botany, 1959, 46 (5): 347-352.

[39] Webb A, Cavaletto M, Carpita C, et al. The intra vacuolar organic matrix associated with calcium oxalate crystals in leaves of vitis [J]. Plant Journal, 1995, 7 (4): 633-648.

[40] Debolt S, Hardie J, Tyerman S, et al. Composition and synthesis of rap hide crystals and druse crystals in berries of *Vitis vinifera L. Cv.* Cabernet Sauvignon: ascorbic acid as precursor for both oxalic and tartaric acids as revealed by radio labelling studies [J]. Aust J Grape Wine R, 2004, 10 (2): 134-142.

[41] Kliewer W. Sugars and organic acids of *vitis vinifera* [J]. Plant Physiology, 1966, 41 (6): 923-931.

[42] Peynaud E, Maurie A. Synthesis of tartaric and malic acids by grape vines [J]. Am J Enol Vitic, 1958, 9 (1): 32-36.

[43] Corder R, Mullen W, Khan N Q, et al. Oenology: red wine procyanidins and vascular health [J]. Nature, 2006, 444 (7119): 566.

[44] Jang M, Cai L, Udeani G O, et al. Cancer chemopreventive activity of resveratrol, a natural product derived from grapes [J]. Science, 1997, 275 (5297): 218-220.

[45] Adams D O. Phenolics and ripening in grape berries [J]. Am J Enol Viticult, 2006, 57 (3): 249-256.

[46] Waterhouse A L. Wine phenolics [J]. Ann Ny Acad Sci, 2002, 957 (1): 21-36.

[47] Singleton V L, Zaya J, Trousdale E K. Caftaric and coutaric acids in fruit of Vitis

[J]. Phytochemistry, 1986, 25 (9): 2127-2133.

[48] Ong B Y, Nagel C W. Hydroxycinnamic acid tartaric acid ester content in mature grapes and during maturation of white riesling grapes [J]. Am J Enol Viticult, 1978, 29 (4): 277-281.

[49] Langcake P, Pryce R J. The production of resveratrol by *Vitis vinifera* and other members of the *Vitaceae* as a response to infection or injury [J]. Physiol Plant Pathol, 1976, 9 (1): 77-86.

[50] Jeandet P, Douillt-Breuil A C, Bessis R, et al. Phytoalexins from the Vitaceae: biosynthesis, phytoalexin gene expression in transgenic plants, antifungal activity, and metabolism [J]. J Agr Food Chem , 2002, 50 (10): 2731-2741.

[51] Bavaresco L, Fregoni C. Biology of Grapevine Stilbenes: An update. [C]. Grapevine Molecular Physiology and Biotechnology, Springer, 2009: 341-363.

[52] Gatto P, Vrhovsek U, Muth J, et al. Ripening and genotype control stilbene accumulation in healthy grapes [J]. J Agr Food Chem, 2008, 56 (24): 11773-11785.

[53] Bavaresco L, Petegolli D, Cantu E, et al. Elicitation and accumulation of stilbene phytoalexins in grapevine berries infected by Botrytis cinerea [J]. Vitis, 1997, 36 (2): 77-83.

[54] Pezet R, Gindro K, Viret O, et al. Glycosylation and oxidative dimerization of resveratrol are respectively associated to sensitivity and resistance of grapevine cultivars to downy mildew [J]. Physiol Mol Plant P, 2004, 65 (6): 297-303.

[55] Mattivi F, Guzzon R, Vrhovsek U, et al. Metabolite profiling of grape: Flavonols and anthocyanins [J]. J Agr Food Chem, 2006, 54 (20): 7692-7702.

[56] Downey M, Rochfort S. Simultaneous separation by reversed-phase high-performance liquid chromatography and mass spectral identification of anthocyanins and flavonols in Shiraz grape skin [J]. J Chromatogr A, 2008, 1201 (1): 43-47.

[57] Downey M O, Harvey J S, Robinson S P. Synthesis of flavonols and expression of flavonol synthase genes in the developing grape berries of Shiraz and Chardonnay (*Vitis vinifera* L.) [J]. Aust J Grape Wine R, 2003, 9 (2): 110-121.

[58] Hardie W J, Considine J. Response of grapes to water-deficit stress in particular stages of development [J]. Amer J Enol Vitic, 1976, 27 (2): 55-61.

[59] Matthews M A, Cheng G, Weinbaum S A. Changes in water potential and dermal extensibility during grape berry development [J]. J Am Soc Hort Sci, 1987, 112 (2): 314-319.

[60] Crippen D D, Morrison J C. The effects of sun exposure on the compositional development of cabernet-sauvignon berries [J]. Am J Enol Vitic, 1986, 37 (4): 235-242.

[61] Dokoozlian N K, Kliewer W M. Influence of light on grape berry growth and composition varies during fruit development [J]. J Am Soc Hort Sci, 1996, 121 (5): 869-874.

[62] Smart R E. Vine manipulation to improve wine grape quality [C]. Davis grape and wine centenial symposium proceedings, University of California, 1980: 362-375.

[63] Perez-Amador M A, Leon L, Green J P, et al. Induction of the arginine decarboxylase ADC2 gene provides evidence for the involvement of polyamines in the wound response in Arabidopsis [J]. Plant Physiol, 2002, 130 (3): 1454-1463.

[64] Tiburcio A F, Altabella T, Borrell A, et al. Polyamine metabolism and its regulation [J]. Physiol Plant, 1997, 100 (3): 664-674.

[65] Applewhite P B, Kaur-Sawhney R, Galston A W. A role for spermidine in the bolting and flowering of Arabidopsis [J]. Physiol Plant, 2000, 108 (3): 314-320.

[66] Alabadi D, Carbonell J. Differential expression of two spermidine synthase genes during early fruit development and in vegetative tissues of pea [J]. Plant Mol Biol, 1999, 39 (5): 933-943.

[67] Martin-Tanguy J. Conjugated polyamines and reproductive development: Biochemical, molecular and physiological approaches [J]. Physiol Plant, 1997, 100 (3): 675-88.

[68] 李华，王华，袁春龙，等．葡萄酒化学 [M]．北京：科学出版社，2005.

[69] 李华，王华，袁春龙，等．葡萄酒工艺学 [M]．北京：科学出版社，2007.

[70] 李华．现代葡萄酒工艺学 [M]．西安：陕西人民出版社，2000.

[71] OIV. Statistiques Modiales2003 [S]. Paris: OIV, 2006.

[72] Ribéreau-Gayon P, Dubourdieu D, Donèche B, et al. Traitéd' oenologie: Micro-

biologie duvin, Vinifications [M]. Paris: Dunod, 2017.

[73] Hashizume K, Kida S, Samuta T. Effect of steam treatment of grape cluster stems on the methoxypyrazine, phenolic, acid, and mineral content of red wines fermented with stems [J]. J Agric Food Chem, 1998, 46 (10): 4382-4386.

[74] Kantz K, Singleton V L. Isolation and determination of polymeric polyphenols using sephadex LH-20 and analysis of grape tissue extracts [J]. Am J Enol Vitic, 1990, 41 (3): 223-228.

[75] Blackford M, Comby M, Zeng L-M. A review on stems composition and their impact on wine quality [J]. Molecules, 2021, 26 (5): 1-40.

[76] González-Centeno M R, Rosselló C, Simal S, et al. Physico-chemical properties of cell wall materials obtained from ten grape varieties and their byproducts: Grape pomaces and stems [J]. LWT-Food Sci Technol, 2010, 43 (10): 1580-1586.

[77] Rice A C. Solid waste generation and by-product recovery potential from winery residues [J]. Am J Enol Vitic, 1976, 27 (1): 21-26.

[78] Amendola D, De Faveri D, Egües I, et al. Autohydrolysis and organosolv process for recovery of hemicelluloses, phenolic compounds and lignin from grape stalks [J]. Bioresour Technol, 2012 (107): 267-274.

[79] Llobera A, Cañellas J. Antioxidant activity and dietary fibre of Prensal Blanc white grape (*Vitis vinifera*) by-products [J]. Int J Food Sci Technol, 2008, 43 (11): 1953-1959.

[80] Ossorio P, Ballesteros Torres P. Red Wine Technology [M]. USA: Academic Press: Cambridge, 2019.

[81] Llobera A, Cañellas J. Dietary fibre content and antioxidant activity of Manto Negro red grape (*Vitis vinifera*): Pomace and stem [J]. Food Chem, 2007, 101 (2): 659-666.

[82] Prozil S O, Evtuguin D V, Lopes L P C. Chemical composition of grape stalks of *Vitis vinifera* L. from red grape pomaces [J]. Ind Crop Prod, 2012, 35 (1): 178-184.

[83] Moreira M M, Barroso M F, Porto J V, et al. Potential of Portuguese vine shoot wastes as natural resources of bioactive compounds [J]. Sci Total Environ, 2018

(634): 831-842.

[84] Alonso Á M, Guillén D A, Barroso C G, et al. Determination of antioxidant activity of wine byproducts and its correlation with polyphenolic content [J]. J Agric Food Chem, 2002, 50 (21): 5832-5836.

[85] Anastasiadi M, Pratsinis H, Kletsas D, et al. Grape stem extracts: Polyphenolic content and assessment of their in vitro antioxidant properties [J]. LWT-Food Sci Technol, 2012, 48 (2): 316-322.

[86] González-Centeno M R, Jourdes M, Femenia A, et al. Proanthocyanidin composition and antioxidant potential of the stem winemaking byproducts from 10 different grape warieties (*Vitis vinifera* L.) [J]. J Agric Food Chem, 2012, 60 (48): 11850-11858.

[87] Gouvinhas I, Pinto R, Santos R, et al. Enhanced phytochemical composition and biological activities of grape (*Vitis vinifera* L.) Stems growing in low altitude regions [J]. Sci Hortic, 2020 (265): 109-117.

[88] Spatafora C, Barbagallo E, Amico V, et al. Grape stems from Sicilian Vitis vinifera cultivars as a source of polyphenol-enriched fractions with enhanced antioxidant activity [J]. LWT-Food Sci Technol, 2013, 54 (2): 542-548.

[89] Makris D P, Boskou G, Andrikopoulos N K. Recovery of antioxidant phenolics from white vinification solid by-products employing water/ethanol mixtures [J]. Bioresour Technol, 2007, 98 (15): 2963-2967.

[90] Teixeira N, Mateus N, De Freitas V, et al. Wine industry by-product: Full polyphenolic characterization of grape stalks [J]. Food Chem, 2018, 268 (1): 110-117.

[91] Karvela E, Makris D P, Kalogeropoulos, N, et al. Deployment of response surface methodology to optimise recovery of grape (*Vitis vinifera*) stem polyphenols [J]. Talanta, 2009, 79 (5): 1311-1321.

[92] Jiménez-Moreno N, Volpe F, Moler J A, et al. Impact of Extraction Conditions on the Phenolic Composition and Antioxidant Capacity of Grape Stem Extracts [J]. Antioxidants, 2019, 8 (12): 597.

[93] Kosińska-Cagnazzo A, Heeger A, Udrisard I, et al. Phenolic compounds of grape

stems and their capacity to precipitate proteins from model wine [J]. J Food Sci Technol, 2019, 57 (2): 435-443.

[94] Souquet J M, Labarbe B, Le Guernevé C, et al. Phenolic composition of grape stems [J]. J Agric Food Chem, 2000, 48 (4): 1076-1080.

[95] Jordão A M, Ricardo-da-Silva J M, Laureano O. Evolution of catechins and oligomeric procyanidins during grape maturation of Castelão Francês and Touriga Francesa [J]. Am J Enol Vitic, 2001, 52 (3): 230-234.

[96] González-Manzano S, Rivas-Gonzalo J C, Santos-Buelga C. Extraction of flavan-3-ols from grape seed and skin into wine using simulated maceration [J]. Anal Chim Acta, 2004, 513 (1): 283-289.

[97] Casassa L F, Sari S E, Bolcato E A, et al. Chemical and sensory effects of cold soak, whole cluster fermentation, and stem additions in Pinot noir Wines [J]. Am J Enol Vitic, 2018, 70 (1): 19-33.

[98] Sun B S, Spranger I, Roque-do-Vale F, et al. Effect of different winemaking technologies on phenolic composition in Tinta Miúda red wines [J]. J Agric Food Chem, 2001, 49 (12): 5809-5816.

[99] Suriano S, Alba V, Tarricone L, et al. Maceration with stems contact fermentation: Effect on proanthocyanidins compounds and color in Primitivo red wines [J]. Food Chem, 2015, 177 (15): 382-389.

[100] Casassa L F, Dermutz N P, Mawdsley P F, et al. Whole cluster and dried stem additions' effects on chemical and sensory properties of Pinot noir wines over two vintages [J]. Am J Enol Vitic, 2021 (1), 72: 21-35.

[101] Bavaresco L, Cantu E, Fregoni M, et al. Constitutive stilbene contents of grapevine cluster stems as potential source of resveratrol in wine [J]. VITIS J Grapevine Res, 1997, 36 (3): 115-118.

[102] Benítez P, Castro R, Natera R, et al. Effects of grape destemming on the polyphenolic and volatile content of fino sherry wine during alcoholic fermentation [J]. Food Sci Technol Int, 2005, 11 (4): 233-242.

[103] Flamini R, Mattivi F, De Rosso M, et al. Advanced knowledge of three important classes of grape phenolics: anthocyanins, stilbenes and flavonols [J]. Int J

of Mol Sci, 2013, 14 (10): 19651-19669.

[104] Kammerer D, Claus A, Carle R, et al. Polyphenol screening of pomace from red and white grape varieties (*Vitis vinifera* L.) by HPLC-DAD-MS/MS [J]. J Agr Food Chem, 2004, 52 (14): 4360-4367.

[105] He J, Carvalho A R F, Mateus N, et al. Spectral features and stability of oligomeric pyranoanthocyanin-flavanol pigments isolated from red wines [J]. J Agr Food Chem, 2010, 58 (6): 9249-9258.

[106] Corrales M, García AF, Butz P, et al. Extraction of anthocyanins from grape skins assisted by high hydrostatic pressure [J]. J Food Eng, 2009 (90): 415-421.

[107] Zhu L, Zhang Y, Lu J. Phenolic contents and compositions in skins of red wine grape cultivars among various genetic backgrounds and originations [J]. Int J Mol Sci, 2012, 13 (3): 3492-3510.

[108] Deng Q, Penner M H, Zhao Y. Chemical composition of dietary fiber and polyphenols of five different varieties of wine grape pomace skins [J]. Food Res Int, 2011, 44 (9): 2712-2720.

[109] Noble A C. Strauss C R, Wilson B, et al. Contribution of terpene glycosides to bitterness in Muscat wines [J]. Am J Enol Vitic, 1988, 39 (2): 129-131.

[110] Kennison K R, Gibberd M R, Pollnitz A P, et al. Smoke-derived taint in wine: The release of smoke-derived volatile phenols during fermentation of Merlot juice following grapevine exposure to smoke [J]. J Agric Food Chem, 2008, 56 (16): 7379-7383.

[111] Sarry J E, Günata Z. Plant and microbial glycoside hydrolases: Volatile release from glycosidic aroma precursors [J]. Food Chem, 2004, 87 (4): 509-521.

[112] Castillo-Muñoz N, Gómez-Alonso S, García-Romero E, et al. Flavonol profiles of Vitis vinifera red grapes and their single-cultivar wines [J]. J Agric Food Chem, 2007, 55 (3): 992-1002.

[113] Tikunov Y M, de Vos R C H, Gonzalez Paramas A M, et al. A role for differential glycoconjugation in the emission of phenylpropanoid volatiles from tomato fruit discovered using a metabolic data fusion approach [J]. Plant Physiol, 2010,

152 (1): 55-70.

[114] Sefton M A, Skouroumounis G K, Elsey G M, et al. Occurrence, sensory impact, formation, and fate of damascenone in grapes, wines, and other foods and beverages [J]. J Agric Food Chem, 2011, 59 (18): 9717-9746.

[115] Del Llaudy M C, Canals R, Canals J M, et al. Influence of ripening stage and maceration length on the contribution of grape skins, seeds and stems to phenolic composition and astringency in wine-simulated macerations [J]. Eur Food Res Technol, 2007, 226 (3): 337-344.

[116] Bautista-Ortin A B, Martinez-Cutillas A, Ros-Garcia J M, et al. Improving colour extraction and stability in red wines: the use of maceration enzymes and enological tannins [J]. Int J Food Sci Technol, 2005 (8), 40: 867-878.

[117] Busse-Valverde N, Gomez-Plaza E, Lopez-Roca J M, et al. The Extraction of Anthocyanins and Proanthocyanidins from Grapes to Wine during Fermentative Maceration Is Affected by the Enological Technique [J]. J Agric Food Chem, 2011, 59 (10): 5450-5444.

[118] Lopez N, Puertolas E, Hernandez-Orte P, et al. Effect of a pulsed electric field treatment on the anthocyanins composition and other quality parameters of Cabernet Sauvignon freshly fermented model wines obtained after different maceration times. [J]. LWT-Food Sci Technol, 2009, 42 (7): 1225-1231.

[119] Guerra M T, Santos-Buelga C, Escribano-Bailon M T. Proanthocyanidins in skins from different grape varieties [J]. Eur Food Res Technol, 1995 (200): 221-224.

[120] Harbertson J F, Kennedy J A, Adams D O. Tannin in Skins and Seeds of Cabernet Sauvignon, Syrah, and Pinot noir Berries during Ripening [J]. Am J Enol Vitic, 2002, 53 (1): 54-59.

[121] Vivas N, Nonier M F, de Gaulejac N V, et al. Differentiation of proanthocyanidin tannins from seeds, skins and stems of grapes (*Vitis vinifera*) and heartwood of Quebracho (*Schinopsis balansae*) by matrix-assisted laser desorption/ionization time-of-flight mass spectrometry and thioacidolysis/liquid chromatography/electrospray ionization mass spectrometry [J]. Ana Chim Acta, 2004, 513

(1): 247-256.

[122] Brenes A, Viveros A, Chamorroa S, et al. Use of polyphenol-rich grape by products in monogastric nutrition. A review [J]. Anim Feed Sci Technol, 2016 (211): 1-17.

[123] Gon I, Martin N, Saura-Calixto F. In vitro digestibility and intestinal fermentation of grape seed and peel [J]. Food Chem, 2005, 90 (1, 2): 281-286.

[124] Jones G, Reid V R. Climate, terroir and wine: what matters most in producing a great wine [J] Earth, 2014 (59): 36-43.

[125] Jones G, Reid V R, Vilks A. Climate, grapes, and wine: structure and suitability in a variable and changing climate. In Dougherty PH [C]. The Geography of Wine: Regions, Terroir, and Techniques. Dordrecht: Springer Press, 2012: 109-133.

[126] Oliveira C, Ferreira A C, Costa P, et al. Effect of some viticultural parameters on the grape carotenoid profile [J]. J Agric and Food Chem, 2004, 52 (13): 4178-4184.

[127] Koundouras S, Marinos V, Gkoulioti A, et al. Influence of vineyard location and vine water status on fruit maturation of nonirrigated cv. Agiorgitiko (*Vitis vinifera* L.). Effects on wine phenolic and aroma components [J]. J Agric Food Chem, 2006, 54 (14): 5077-5086.

[128] Liu S, Mo X, Lin Z, et al. Crop yield responses to climate change in the Huang-Huai-Hai Plain of China [J]. Agric Water Manag, 2010, 97 (8): 1195-1209.

[129] Heumesser C, Fuss S, Szolgayová J, et al. Investment in irrigation systems under precipitation uncertainty [J]. Water Resou Manag, 2012 (26): 3113-3137.

[130] Fornasiero D, Duso C, Pozzebon A, et al. Effects of Irrigation on the Seasonal Abundance of Empoasca vitis in North-Italian Vineyards [J]. J Econ Entomol, 2012, 105 (1): 176-185.

[131] Savoi S, Wong D C, Arapitsas P, et al. Transcriptome and metabolite profiling reveals that prolonged drought modulates the phenylpropanoid and terpenoid pathway in white grapes (*Vitis vinifera* L.) [J]. BMC plant Biol, 2016 (16): 1-17.

[132] Savoi S, Herrera J C, Carlin S, et al. From grape berries to wines: Drought impacts on key secondary metabolites [J]. OENO One, 2020, 54 (3): 569-582.

[133] Des Gachons C P, Leeuwen C V, Tominaga T, et al. Influence of water and nitrogen deficit on fruit ripening and aroma potential of *Vitis vinifera* L cv. Sauvignon blanc in field conditions [J]. J Sci Food Agric, 2005, 85 (1): 73-85.

[134] Storchi P, Giorgessi F, Valentini P, et al. Effect of irrigation on vegetative and reproductive behavior of 'Sauvignon blanc' in Italy [J]. Acta Hortic, 2005 (689): 349-356.

[135] Giordano M, Zecca O, Belviso S, et al. Volatile fingerprint and physico-mechanical properties of 'Muscat blanc' grapes grown in mountain area: A first evidence of the influence of water regimes [J]. IJFS, 2013, 25 (3): 329-338.

[136] Romero P, Botía P, del Amor F M, et al. Interactive effects of the rootstock and the deficit irrigation technique on wine composition, nutraceutical potential, aromatic profile, and sensory attributes under semiarid and water limiting conditions. Agric [J]. Water Manag, 2019 (225): 105733.

[137] Vilanova M, Fandiño M, Frutos-Puerto S, et al. Assessment fertigation effects on chemical composition of *Vitis vinifera* L. cv. Albariño [J]. Food Chem, 2019 (278): 636-643.

[138] Reynolds A G, Parchomchuk P, Berard R, et al. Gewurztraminer grapevines respond to length of water stress duration [J]. Int J Fruit Sci, 2005, 5 (4): 75-94.

[139] Wang J, Abbey T, Kozak B, et al. Evolution over the growing season of volatile organic compounds in Viognier (*Vitis vinifera* L.) grapes under three irrigation regimes [J]. Food Res Int, 2019 (125): 108512.

[140] Frioni T, Tombesi S, Quaglia M, et al. Metabolic and transcriptional changes associated with the use of Ascophyllum nodosum extracts as tools to improve the quality of wine grapes (*Vitis vinifera cv. Sangiovese*) and their tolerance to biotic stress [J]. J Sci Food Agric, 2019, 99 (14): 6350-6363.

[141] Gutiérrez-Gamboa G, Romanazzi G, Garde-Cerdán T, et al. A review of the use of biostimulants in the vineyard for improved grape and wine quality: Effects on prevention of grapevine diseases [J]. J Sci Food Agric, 2019, 99 (3):

1001-1009.

[142] Du Jardin P. Plant biostimulants: Definition, concept, main categories and regulation [J]. Sci Hortic, 2015 (196): 3-14.

[143] Gutiérrez-Gamboa G, Garde-Cerdán T, Rubio-Bretón P, et al. Seaweed foliar applications at two dosages to Tempranillo blanco (Vitis vinifera L.) grapevines in two seasons: Effects on grape and wine volatile composition [J]. Food Res Int, 2020 (130): 108918.

[144] Garde-Cerdán T, Gutiérrez-Gamboa G, López R, et al. Influence of foliar application of phenylalanine and urea at two doses to vineyards on grape volatile composition and amino acids content [J]. Vitis, 2018, 57 (4): 137-141.

[145] Garde-Cerdán T, Portu J, López R, et al. Effect of methyl jasmonate application to grapevine leaves on grape amino acids content [J]. Food Chem, 2016, 203 (15): 536-539.

[146] Martin D, Gershenzon J, Bohlmann J. Induction of volatile terpene biosynthesis and diurnal emission by methyl jasmonate in foliage of Norway spruce [J]. Plant Physiol, 2003, 132 (3): 1586-1599.

[147] Popescu G C, Popescu M. Yield, berry quality and physiological response of grapevine to foliar humic acid application [J]. Bragantia, 2018, 77 (2): 273-282.

[148] Bell S J, Henschke P A. Implications of nitrogen nutrition for grapes, fermentation and wine [J]. Aust J Grape Wine Res, 2005, 11 (3): 242-295.

[149] Monteiro F F, Bisson L F. Biological assay of nitrogen content of grape juice and prediction of sluggish fermentations [J]. Am J Enol Vitic, 1991, 42 (1): 47-57.

[150] Bruwer F A, Du Toit W, Buica A. Nitrogen and sulphur foliar fertilisation [J]. S Afr J Enol Vitic, 2019 (40): 1.

[151] Collins C, Wang X, Lesefko S, et al. Effects of canopy management practices on grapevine bud fruitfulness [J]. OENO One, 2020, 54 (2): 313-325.

[152] Le Menn N, Van Leeuwen C, Picard M, et al. Effect of vine water and nitrogen status, as well as temperature, on some aroma compounds of aged red Bordeaux wines [J]. J Agric Food Chem, 2019, 67 (25): 7098-7109.

[153] Bouzas-Cid Y, Falqué E, Orriols I, et al. Amino acids profile of two Galician

white grapevine cultivars (Godello and Treixadura) [J]. Ciência E Técnica Vitivinícola, 2015 (30): 84-93.

[154] Lytra G, Miot-Sertier C, Moine V, et al. Influence of must yeast-assimilable nitrogen content on fruity aroma variation during malolactic fermentation in red wine [J]. Food Res Int, 2020, 135 (9): 1-11.

[155] Hernández-Orte P, Cacho J F, Ferreira V. Relationship between varietal amino acid profile of grapes and wine aromatic composition. Experiments with model solutions and chemometric study [J]. J Agric Food Chem, 2002, 50 (10): 2891-2899.

[156] Canoura C, Kelly M T, Ojeda H. Effect of irrigation and timing and type of nitrogen application on the biochemical composition of *Vitis vinifera* L. cv. Chardonnay and Syrah grapeberries [J]. Food Chem, 2018, 241 (15): 171-181.

[157] Choné X, Lavigne-Cruège V, Tominaga T, et al. Effect of vine nitrogen status on grape aromatic potential: Flavor precursors (S-cysteine conjugates), glutathione and phenolic content in *Vitis vinifera* L. Cv Sauvignon blanc grape juice [J]. OENO One, 2006, 40 (1): 1-6.

[158] Wang Y, He Y N, Chen W K, et al. Effects of cluster thinning on vine photosynthesis, berry ripeness and flavonoid composition of Cabernet Sauvignon [J]. Food Chem, 2018, 248 (15): 101-110.

[159] Wang Y, He Y N, He L, et al. Changes in global aroma profiles of cabernet sauvignon in response to cluster thinning [J]. Food Res Int, 2019, 1228: 56-65.

[160] Moreno D, Vilanova M, Gamero E, et al. Effects of preflowering leaf removal on phenolic composition of Tempranillo in the semiarid terroir of western Spain [J]. Am J Enol Vitic, 2015, 66 (2): 204-211.

[161] Alem H, Ojeda H, Rigou P, et al. The reduction of plant sink/source does not systematically improve the metabolic composition of Vitis vinifera white fruit [J]. Food Chem, 2021 (345): 128825.

[162] Kok D. Influences of pre-and post-veraison cluster thinning treatments on grape composition variables and monoterpene levels of *Vitis vinifera* L. cv. Sauvignon Blanc [J]. J Food Agric Environ, 2011, 9 (1): 22-26.

[163] Kliewer W M, Dokoozlian N K. Leaf area/crop weight ratios of grapevines: Influence on fruit composition and wine quality [J]. Am J Enol Vitic, 2005, 56 (2): 170-181.

[164] Feng H, Yuan F, Skinkis P, et al. Effect of cluster zone leaf removal on grape sugar, acids, carotenoids, and volatile composition [J]. Am J Enol Vitic, 2012, 63 (3): 458A.

[165] Feng H, Yuan F, Skinkis P A, et al. Influence of cluster zone leaf removal on Pinot noir grape chemical and volatile composition [J]. Food Chem, 2015, 173 (15): 414-423.

[166] Osrečak M, Karoglan M, Kozina B, et al. Influence of leaf removal and reflective mulch on phenolic composition of white wines [J]. OENO One, 2015, 49 (3): 183-193.

[167] Mosetti D, Herrera J C, Sabbatini P, et al. Impact of leaf removal after berry set on fruit composition and bunch rot in 'Sauvignon blanc' [J]. Vitis J Grapevine Res, 2016, 55 (2): 57-64.

[168] Lobos G A, Acevedo-Opazo C, Guajardo-Moreno A, et al. Effects of kaolin-based par-ticle film and fruit zone netting on Cabernet Sauvignon grapevine physiology and fruit quality [J]. OENO One, 2015 (49): 137-144.

[169] Coniberti A, Ferrari V, Dellacassa E, et al. Kaolin over sun-exposed fruit affects berry temperature, must composition and wine sensory attributes of Sauvignon blanc [J]. Eur J Agron, 2013 (50): 75-81.

[170] Marais J, Calitz F, Haasbroek P D. Relationship between microclimatic data, aroma component concentrations and wine quality parameters in the prediction of Sauvignon Blanc wine quality [J]. S Afr J Enol Vitic, 2001, 22 (1): 47-51.

[171] Gutiérrez-Gamboa G, Zheng W, de Toda F M. Current viticultural techniques to mitigate the effects of global warming on grape and wine quality: A comprehensive review [J]. Food Res Int, 2020 (10): 9946.

[172] Gutiérrez-Gamboa G, Zheng W, de Toda F M. Strategies in vineyard establishment to face global warming in viticulture: A mini review [J]. J Sci Food Agric, 2021 (101): 1261-1269.

[173] Bottcher C, Burbidge C A, Boss P K, et al. Interactions between ethylene and auxin are crucial to the control of grape (*Vitis vinifera* L.) berry ripening [J]. BMC Plant Biol, 2013, 13 (1): 222.

[174] Davies C, Böttcher C. Hormonal control of grape berry ripening [C]. Grapevine Molecular Physiology & Biotechnology. K. Roubelakis-Angelakis, Springer Netherlands, 2009: 229-261.

[175] Fortes A M, Teixeira R T, Agudelo-Romero P. Complex interplay of hormonal signals during grape berry ripening [J]. Molecules, 2015, 20 (5): 9326-9343.

[176] Gouthu S, Deluc L G. Timing of ripening initiation in grape berries and its relationship to seed content and pericarp auxin levels [J]. BMC Plant Biol, 2015, 15 (1): 46.

[177] Jia H F, Chai Y M, Li C L, et al. Abscisic acid plays an important role in the regulation of strawberry fruit ripening [J]. Plant Physiol, 2011, 157 (1): 188-199.

[178] Chervin C, El-Kereamy A, Roustan J P, et al. Ethylene seems required for the berry development and ripening in grape, a non-climacteric fruit [J]. Plant Science, 2004, 167 (6): 1301-1305.

[179] Chervin C, Tira-Umphon A, Terrier N, et al. Stimulation of the grape berry expansion by ethylene and effects on related gene transcripts, over the ripening phase [J]. Physiol Plant, 2008, 134 (3): 534-546.

[180] Bottcher C, Boss P K, Davies C. Delaying Riesling grape berry ripening with a synthetic auxin affects malic acid metabolism and sugar accumulation, and alters wine sensory characters [J]. Functional Plant Biology, 2012, 39 (9): 745.

[181] Conde C, Silva P, Fontes N, et al. Biochemical changes throughout grape berry cevelopment and fruit and wine quality [J]. Food, 2007, 1 (1): 1-22.

[182] Soyer Y, Koca N, Karadeniz F. Organic acid profile of Turkish white grapes and grape juices [J]. J Food Comp Anal, 2003, 16 (5): 629-636.

[183] Lamikanra O, Inyang I, Leong S. Distribution and effect of grape maturity on organic acid content of red Muscadine grapes [J]. J Agric Food Chem, 1995, 43 (12): 3026-3028.

[184] García Romero E, Sánchez Muñoz G, Martín Alvarez P J, et al. Determination of organic acids in grape musts, wines and vinegars by high-performance liquid chromatography [J]. J Chrom A, 1993, 655 (1): 111-117.

[185] Lee J H, Talcott S T. Fruit maturity and juice extraction influences ellagic acid derivatives and other antioxidant polyphenolics in muscadine grapes [J]. J Agric Food Chem, 2004, 52 (2): 361-366.

[186] Lakso A N, and Kliewer W M. The influence of temperature on malic acid metabolism in grape berries I. Enzyme responses [J]. Plant Physiology, 1975, 56 (3): 370-372.

[187] Kliewer W M. Effects of day tempature and light intensity on concentration of malic and tartaric acids in Vitis vinifera L. grapes [J]. Journal Am Soc Hortic Sci, 1971, 96 (3): 372-377.

[188] Ribéreau-Gayon P, Glories Y, Maujean A, et al. Handbook of Enology [M]. The Chemistry of Wine Stabilisation and Treatments, Wiley: Chichester U K, 2000: 8-25.

[189] Ruffner H P. Metabolism of tartaric and malic acid in Vitis: a review-Part B [J]. Vitis, 1982, 21: 346-358.

[190] Coombe B G, McCarthy M G. Dynamics of grape berry growth and physiology of ripening [J]. Aust J of Grape Wine Res, 2000, 6 (2): 131-135.

[191] Kliewer W M, Howarth L, Omori M. Concentrations of tartaric acid and malic acids and their salts in Vitis vinifera grapes [J]. Am J Enol Vit, 1967, 18 (1): 42-54.

第三章　葡萄酒菌种与发酵原理

随着葡萄酒商业化生产的发展，人们对葡萄酒菌种的研究逐渐深入，并根据商品需要和菌种特征做了一些筛选和人工培育，得到很多品质优良、表现稳定的商业菌种。现在不少葡萄酒生产商便是选择用这些商业菌种发酵，但也有一些酿酒师认为，野生菌种发酵而成的葡萄酒更具有独特的风味，部分传统的葡萄酒生产商还坚持使用野生菌种发酵。因此，葡萄酒菌种根据获得方式不同大致分为商业菌种和野生菌种。这些葡萄酒发酵菌种主要有三大类：酿酒酵母、非酿酒酵母和细菌。葡萄酒主发酵为酵母发酵，其发酵原理是糖分和酵母生成酒精和二氧化碳的过程；细菌代表发解过程为苹果酸-乳酸发酵（MLF）。本章将重点介绍这三大类菌种及其发酵原理。

第一节　葡萄酒菌种

一、酵母菌

已有资料证明葡萄栽培始于公元前6000~8000年，黑海和里海之间的地区以及丝绸之路沿线。葡萄栽培经小亚细亚、伊朗、伊拉克和土耳其传播到腓尼基、埃及、克里特岛和希腊。直到公元前1000年，传至意大利西西里岛、摩洛哥、法国南部、西班牙和葡萄牙。最晚在公元1000年，法国北部、德国和东欧也生产葡萄酒。从葡萄栽培的早期发展可以得出结论，酿酒酵母是最古老的驯化生物之一。1883年，埃米尔·克里斯蒂安·汉森成功地获得了第一批用于啤酒酿造的纯酵母培养物。七年后，赫尔曼·穆勒·瑟高将酵母发酵剂用于酿酒工艺。20世纪30年代，商业化的酵母菌种已经被广泛应用于酒的酿造中。

酵母和细菌是葡萄酒的主要发酵剂，其种类存在显著差异，已经从葡萄或葡萄酒中分离出40多个属和100多种酵母以及几十种酒发酵细菌。酿酒酵母是负责将葡萄糖转化为酒精的主要因素，而其他酵母（统称为非酿酒酵母）和细菌则有助于葡萄酒香气和风味的产生。因此，种间和种内多样性在葡萄酒成分的进化中起着重要作用。在微生物种群管理方面，葡萄酒菌株有两种基本类型：本土接种和人工接种。在本土接种（也称为本土或未接种）中，没有人为添加任何微生物的纯培养物。葡萄园和酿酒厂环境中微生物群将葡萄汁转化为葡萄酒。研究表明，与使用人工培育菌种相比，天然发酵在香气和口感方面表现出更复杂、更具特色的特征。

目前，在许多葡萄酒生产地区，常采用人工培育商业酿酒酵母作为菌种，这种做法主要有两个原因。首先，人工培育酿酒酵母能够达到快速发酵的目的。同时，最大限度地减少非酿酒酵母和细菌的生长，因为有时本土微生物会对发酵过程产生负面影响，生成不安全的或不期望的化合物，例如生物胺。其次，人工接种也有利于产生需要强调葡萄酒香气和风味的成分。

与葡萄发酵相关的微生物菌群受到几个因素的影响：气候、地形、地理位置、土壤、栽培技术、品种、生物媒介、人类活动和采收等。在葡萄酒发酵菌群中存在有益的菌群，也存在有害的菌群。有益菌群会产生积极香气或口感特征成分且不干扰酿酒酵母发酵完成的微生物菌群；有害菌群多指细菌类，它们会使葡萄酒残糖浓度下降，阻止酵母发酵，以及在葡萄酒中产生不想要的成分。

（一）酿酒酵母

酵母菌株多样性是一系列基因突变形成的杂交菌株。酵母自交或异交，有助于快速适应新环境，并增强对现有环境的适应性。酿酒酵母（*S. cerevisiae*）的物种多样性是高还是低，取决于所进行的分析类型以及多样性的定义。对商业、酿酒厂和葡萄园菌株群体结构分析可知，酿酒酵母菌株之间都具有高度的相关性。

据报道，酿酒酵母和贝酵母（*S. bayanus*）都能够主导酒精发酵，其中酿酒酵母更为普遍，酿酒酵母和贝酵母之间的序列比较表明，编码和非编码序列的同一性分别约为80%和74%。多方面研究报告显示，酿酒酵母分离株之间呈现着显著遗传多样性。野生酿酒酵母分离株与100多个商业酿酒酵母菌株序列的比较分析表明，它们具有高度的遗传相似性和近亲繁殖特征。与全球酿酒酵母库相比，商业菌株形成了一个高度相关的分支，其多样性有限，说明商业菌株所需的表型导致了遗传共性的选择，即葡萄酒酿酒酵母菌株遗传特性反映了葡萄酒酵母与人类活动关系。

与葡萄酒生产相关酿酒酵母的多样性和复杂性，已在葡萄和葡萄酒分离菌群的分析中得到充分证明。它们的特性直接影响葡萄酒的风味、香气和口感特征。天然种内杂交种和基因重组方法对酿酒酵母菌株变异性贡献较大，促使酿酒酵母菌群结构变得更加丰富，从而使葡萄酒具有独有的特征。

（二）非酿酒酵母

葡萄表面存在大量的非酿酒酵母，包括浆果所带的初始菌群，以及通过酿酒厂及设备环境中转移到果汁中菌群，这些非酿酒酵母随着葡萄汁或葡萄醪液内环境改变而发生变化。果实破碎后，葡萄汁不断发酵，菌种消耗大量发酵环境中氧气，从而对需氧型非酿酒酵母产生不利的条件；果汁的低pH值（pH 3.2~3.8）对许多非酿酒酵母来说也不易存活。研究还发现，由于发酵条件显著影响非酿酒酵母活力，如糖浓度过高，高糖使渗透压增加，部分非酿酒酵母的活力被抑制；还有抗微生物剂二碳酸二甲酯（DMDC）、溶菌酶、二氧化硫（SO_2）等对非酿酒酵母活力抑制作用也很大。

低温发酵技术是红葡萄酒酿造常见技术，它可以延缓发酵时间，从而释放更多水溶性色素，从而增强颜色形成。这种在低温或“冷浸渍”下，必须保持非酿酒酵母群落活力，因其直接影响葡萄酒的香气。已证明非酿酒酵母能释放多种水解酶，这些水解酶与葡萄汁中前体化合物相互作用，并影响葡萄酒的感官和结构特征，其中一些酶活性与香气有关，如β-葡萄糖苷酶、β-裂解酶、酯酶和醇乙酰转移酶等。β-葡萄糖苷酶水解释放大量的单萜类物质，单萜类物质是决定葡萄和葡萄酒风味的重要化合物，如假丝酵母（*Candida*）、德巴利氏酵母（*Debarymyces*）、有孢汉逊酵母（*Hanseniaspora*）、柠檬形克勒克酵母（*Kloeckera*）等非酿酒酵母菌属都能产生β-葡萄糖苷酶。已经证明美极梅奇酵母（*M. pulcherrima*）、戴尔有孢圆酵母（*T. delbrueckii*）和马克思克鲁维酵母（*K. marxianus*）菌种产生较高活力的β-裂解酶，β-裂解酶水解葡萄前体中释放挥发性硫醇与半胱氨酸或谷胱甘肽，使葡萄酒中百香果和柑橘的香气增强。

非酿酒酵母还可以促进酯类物质的产生。酯类是葡萄酒果味的主要原因，它们在葡萄酒中含量由负责其裂解的酯酶和促进其合成的醇乙酰转移酶决定，如 *C. albicans*、*H. polymorpha*、*P. pastoris* 菌种已被证明能产生大量这两类酶。非酿酒酵母不但能发酵生成大量乙酸乙酯，其他具有代表性的酯类化合物也能生成，如乙酸异戊酯（香蕉状香气）和2-苯基乙酸乙酯（玫瑰状香气）。除此之外，非酿酒酵母在酒精发酵过程中，还会产生重要的高级醇类芳香化合物，如2-苯乙醇、苯甲醇等，可以赋予葡萄酒花香或果味。

除了香气化合物外，非酿酒酵母也能产生影响葡萄酒口感的非挥发性化合物，如多糖、甘露糖蛋白，它们可以直接或间接影响感官特征，改善口感，减少涩味，增加复杂性和芳香持久性。*L. thermalolerans*、*M. pulcherrima*、*Pichia*、*Saccharomyces*、*T. brueckii* 和 *Zygosaccharomyce* 菌种已证明在酒精发酵过程中释放大量多糖。*Kluyveromyces*、*Saccharomycodes* 和 *Schizosaccharomyces* 三类菌属被证明能产生大量甘油，细菌中 *C. zemplina* 菌种也能够释放大量甘油，甘油赋予了红葡萄酒和白葡萄酒甜味。因此，非酿酒酵母产生的化合物可能会改变葡萄酒各种感官特性，增加辛辣感，降低酸度，增加芳香化合物的挥发性。

如上所述，一些特定种、属的酵母，会产生具有独特风格的芳香化合物和其他代谢产物。同时，不同类型菌种之间会发生加成、协同等相互作用，从而改变葡萄酒质量，如酿酒酵母调节非酿酒酵母，使其特性得到充分发挥；并且已证明非酿酒酵母菌株具有特殊潜力，与酿酒酵母混合接种可以增加葡萄酒香气的复杂性。而利用非酿酒酵母纯发酵通常是不可行的，主要是因为它们相对于酿酒酵母的竞争力较低，无法完成葡萄酒发酵过程。葡萄生长和发酵环境中存在数百种非酿酒酵母菌种，从中选取合适非酿酒酵母与酿酒酵母一起发酵，获得具有独特感官特征的葡萄酒，赋予和加强其“本土风格”。

二、乳酸菌

乳酸菌是一类能利用可发酵糖产生大量乳酸的细菌的统称。1857 年 Pasteur 最先描述了乳酸菌的特征，并用实验证明这类细菌可使无菌的乳汁变酸。他还将乳酸发酵和酒精发酵进行对比，并认为“在化学上不同的发酵是由生理上不同的生物所引起的”。随后 Pasteur 在葡萄酒中也发现乳酸菌的发酵，他还把乳酸和葡萄酒中乳酸菌发酵产生乳酸进行了比较。直到 1914 年，瑞士的葡萄酒微生物学家 Muller-Thurgau 和 Oster walder 才将葡萄酒中乳酸菌引起的酸度降低现象，即苹果酸向乳酸的转变过程定名为苹果酸-乳酸发酵。1945 年以后，许多葡萄酒微生物学家和葡萄酒工作者对这一现象进行了深入的研究，取得了很大的进展。研究表明葡萄酒乳酸菌是指与葡萄酒酿造相关的、能够将葡萄酒中苹果酸分解为乳酸的一群乳酸菌，因此有时也称为苹果酸-乳酸菌（malolactic bacteria，MLB）。相对于酵母菌引发的酒精发酵（主发酵）而言，由葡萄酒乳酸菌引发的苹果酸-乳酸发酵，是葡萄酒的次级发酵。

葡萄只为少数耐酸微生物群（如乳酸菌、乙酸菌和酵母菌）提供合适的自然栖息地，当乙醇浓度超过 4%时，微生物生长受到抑制，只有少部分耐乙醇菌种在葡萄酒中能存活。其中乳酸菌对乙醇和酸性条件具有较好的耐受性，在葡萄酒发酵条件下也能很好生长。当乙醇浓度高于 8%时，大肠杆菌会被抑制，但在乙醇浓度高达 20%葡萄酒中，仍可以发现 *Lb. brevis*、*Lb. fruitivorans* 和 *Lb. hilgardiia* 菌种。从葡萄酒中分离出乳酸菌最佳生长温度范围在 20~37℃；在苹乳发酵过程中，乳酸菌最佳生长温度为 20℃左右。发酵初期，乳酸菌菌落数从 10^2 增加到 10^4~10^5 CFU/mL；酒精主发酵后，开始苹乳发酵，乳酸菌菌落数可以达到 10^7~10^8 CFU/mL。

乳酸菌主要通过糖发酵获得能量，在葡萄酒中乳酸菌的能量和碳来源为己糖，主要是葡萄糖和果糖，它们是乙醇生成过程中酵母酿酒竞争对手。葡萄酒中乳酸菌异源发酵的碳来源也可以使用戊糖（阿拉伯糖、木糖、核糖），这些戊糖在葡萄酒中的浓度很低。乳酸菌代谢过程中必需的三种酸：酒石酸、苹果酸和柠檬酸。其中柠檬酸盐转化为乳酸、乙酸、二氧化碳等；苹果酸盐转化为L-乳酸盐和二氧化碳，在葡萄酒中苹乳发酵的关键酶是苹果酸乳酸酶，其出现在许多乳酸菌中，如 *Lb. casei*，*Lb. brevis*，*Lb. brucelli*，*Lb. delbrueckii*，*Lb. hilgadi* 和 *Lb. plantarum* 菌种；酒石酸盐可由同发酵的植物乳杆菌转化为乳酸盐、乙酸盐和二氧化碳等，并由异发酵的乳酸短杆菌转化为乙酸盐和二氧化碳或富马酸（琥珀酸）。当乳酸菌在较高 pH 值、较低氮浓度和较高的糖浓度发酵条件下，会产生更高量的乙酸，降低酵母的活性。大多数情况下，乳酸菌在酒精发酵过程中不会繁殖或消失，但 *Staphylococcus* 菌种除外，它在低细胞水平下具有抵抗力。研究发现，酵母生长代谢过程中释放脂肪酸（己酸、辛酸和癸酸）对细菌生长有负面影响。乳酸菌可能产生抑制杂菌生长成分，如乙酸、更高浓度的二氧化碳、过氧化氢、二乙酰和细菌素。葡萄酒乳酸杆菌和间质乳杆菌生产细菌素对产生葡萄酒香气、抑制腐败菌或控制苹乳发酵至关重要，例如 *Lb. brevis* 会抑制 *O. oeni* 和 *P. damnosus* 菌种的生长。因此，苹乳发酵对营养物质（己糖和戊糖）的消耗以及抑制杂菌成分生成方面具有显著作用，其会使葡萄酒发酵过程处于相对稳定状态。

自 20 世纪以来，发酵食品的生产对乳酸菌发酵剂的需求大幅增加。乳酸菌广泛存在于发酵食品生产加工中，影响着食品的香气、质量、一致性和安全性。由于乳酸菌产生的酸和抑制成分，对提高食物的保存期和口感具有重要作用，但它们代谢过程也会产生异味（如二乙酰），并通过胞外多糖产生具有黏性的物质，导致葡萄酒质量大大降低。特别是在北方葡萄酒种植区，葡萄可能含有大量的酸，具有不利的感官特性。因此，酸含量降低、优质乳酸菌选育、乳酸杆菌和植物乳杆菌等复合乳酸菌开发等方面，成为今后主要研究方向。

三、醋酸菌

众所周知，葡萄汁为微生物的生长提供并不友好的发酵条件，例如低pH值和高糖浓度；在酒精发酵过程中，酵母将这种含糖量转化为乙醇，降低营养成分，这意味着微生物的生长发育过程中还受到了酒精限制，所以大部分微生物不会生长繁殖。因此，酵母（或酿酒酵母）发生剧烈的酒精发酵，非酿酒酵母和细菌将几乎没有生长，若酵母菌生长延迟，各种细菌就可能会生长，从而抑制酵母菌生长，并导致发酵迟缓或停滞。

醋酸菌（acetobacter aceti，AAB）被认为是最常见的葡萄酒腐败微生物之一，对葡萄酿酒来说是一种威胁。它们将大部分糖和醇转化为有机酸，很容易使受损葡萄中的葡萄糖转化为葡萄糖酸，葡萄酒中的乙醇或甘油转化为乙酸或二羟基丙酮。由于醋酸菌为典型的有氧微生物，必须在发酵的过程中严格控制醋酸菌的数量。然而，在酒精发酵后需要通气，氧气进入会激活醋酸菌，增加它们的种群数量，并产生乙酸；不适当葡萄酒储存和装瓶条件也可能激活醋酸菌，产生乙酸。因此，高度的卫生安全管理、微生物控制、氧气限制和多孔表面减少等，都将大大降低葡萄酒细菌腐败变质的风险。

醋酸菌是醋杆菌科中的一组微生物，具有将酒精氧化成乙酸的独特性质，这种代谢能力来源于酒精和糖的高速氧化，产生相应的有机酸，这些酸很容易积累。这一特点使醋酸菌成为生物工程领域比较重要的菌株，如抗坏血酸（维生素C）或纤维素的生产。在食品行业，醋酸菌被用作几种食品和饮料生产的主要菌种，如醋、可可、康普茶和其他类发酵产品。但它们的存在也会很容易导致部分食物或饮料变质，如葡萄酒、啤酒、水果饮料。

随着葡萄成熟，糖类（如葡萄糖和果糖）增加为醋酸菌生长提供所需要的碳源和能量。在葡萄上携带的常见醋酸菌为 *G. oxydans* 菌种，其菌数量为 $10^2 \sim 10^5$ CFU/mL。醋酸菌可以从未受污染的葡萄中分离出来，但数量非常少。而损伤或腐败葡萄中含有较大的醋酸菌种群，主要属于醋杆菌属（如 *A. aceti* 和 *A. pasteurianus*）。变质葡萄汁液外流，溢出大量营养成分被酵母吸收转化为乙醇，而乙醇则是醋酸菌最易被利用的碳源。

葡萄酒发酵过程中，醋酸菌菌群结构不断变化。*G. oxydans* 菌种通常是新鲜葡萄汁发酵初始阶段的优势菌株，但很少能从葡萄酒中分离出来；在发酵的最后阶段，*A. aceti* 是主要菌种，而 *G. oxidans*、*Ga. liquefaciens* 和 *Ga. hansenii* 菌种的比例也会很高；在葡萄酒发酵过程中，也会有新醋酸菌菌株出现，如 *A. oeni* 菌种。以上醋酸菌菌群结构不断变化，可能取决于多种酿酒因素对醋酸菌生长作用，如 SO_2、pH、乙醇、低温和酵母接种等。

除在葡萄酒发酵过程中会有醋酸菌存在，在葡萄酒储存过程中也会产生大量的醋酸菌，其严重影响葡萄酒产品质量。在葡萄酒陈酿和老化过程中，发现醋酸菌属中主要的菌种 *A. aceti* 和 *A. pasteurianus*。已证明醋酸菌可以从发酵罐或桶的顶部、中部和底部分离出来，说明醋酸菌实际上可以在葡萄酒容器中半厌氧条件下生存。装瓶过程中，过度充气会增加醋酸菌的数量；封瓶后，由于瓶子内存在相对厌氧条件，使细菌数量会急剧减少。此外，储存期间瓶子的位置、恶劣的储存条件或变质的软木塞都可能有助于醋酸菌的生长。已有报道葡萄酒在瓶中会变质，大多数是由于醋酸菌所引起的。

四、混合菌和杂交菌

在发酵开始时，非酿酒酵母（non-*Saccharomycetes*）比酿酒酵母（*Saccharomyces cerevisiae*）菌种数量更多，非酿酒酵母具有较高的需氧量，如菌种 *T. delbrueckii* 和 *L. thermotolerans*。酿酒酵母生长繁殖面临最大的障碍是前期野生酵母已经消耗了部分营养和生长促进物质，如碳源、氮源和微量元素，并且还形成乙酸等对酿酒酵母菌种产生负面影响的因素。当耐高温的 *L. thermotolerans* 和 *C. zemplinina* 菌种在葡萄汁或葡萄醪中生长时，甘油含量会增加，会对口感产生影响，还可以降低高含糖量酒中产生乙酸。在霞多丽葡萄酒中，用 *D. pseudopolymorphus* 和酿酒酵母菌种混合物接种葡萄酒后，可以检测到萜烯醇（如香茅醇、橙花醇和香叶醇）浓度的增加。在长相思葡萄酒品中，接种菌种 *C. zemplinina* 和 *P. kluyveri*，含硫化合物含量会增加。

葡萄酒发酵过程中先单独接种天然酵母菌种，然后再接入商业酿酒酵母继续发酵，可以显著提高葡萄酒质量，如菌种 *T. delbrueckii* 和酿酒酵母（20%~40%）。汉森公司提供的混合菌菌种由 *L. thermotolerans*（20%），*T. delbrueckii*（20%）和酿酒酵母（60%）组成。贝杰罗夫公司发酵剂培养物由菌种 *T. delbrueckii* 和酿酒酵母组成，其在发酵开始时，必须接种天然酵母菌 *T. delbrueckii*，并在发酵开始后接种酿酒酵母酿酒酵母。汉森公司研发一种 *Torulaspora* 发酵剂，将其浓度 20 g/L 接入发酵液中，然后在 7~10℃下保持 4~7 d；当乙醇浓度达到 4%~6%vol 时，将发酵液转移到发酵罐，以相同的量添加酵母菌株，并提高温度；最后接入乳酸菌 *O. oeni* 进行有机酸分解。有研究发现，先接入菌种酿酒酵母，再接入贝酵母，发酵 4 周后停止，发现酿酒酵母×*S. kudriavzevii*×贝酵母三种酵母杂交菌种完成酒精发酵，该杂交种具有上述三种酿酒酵母的基因组序列，并且具有非常好的发酵特性。

葡萄酒陈酿过程中，酿酒酵母停止生长或缓慢生长，主要原因：一方面是生长环境温度较低，酒窖中窖温为 12~14℃，而酒桶中温度仅达到 16℃左右，另一方面是氮源供应不足，可利用的铵态氮浓度从 120 mg 减少到 40 mg/L；而酿酒酵母最佳生长需要铵态氮浓度 40~880 mg/L。在低氮源条件下，糖吸收活性也会降低。与传统酿酒酵母相比，杂交酿酒酵母的优势在于，它在低温和低氮浓度下都能很好地生长，仍然可以通过氨基酸或可利用的蛋白质来满足其氮源需求，即使相对浓度较低，甚至在缺乏可用游离铵的情况下也可发酵。通过定量蛋白质组学检测杂交菌种的蛋白酶活性，发现其活力显著增加。杂交菌种还能够消耗单糖，尤其是果糖。研究还发现有些杂交种具有耐受高乙醇浓度和渗透压特性；而有些杂交种则具有耐受低温特性，如 *S. kudriavzevii*。因此，酿酒师和研究人员面临一个重要挑战就是菌种的创新，研究天然酵母、人工培养酵母以及细菌等多菌种混合或杂交，将是获得风格多样、抗性较强的优秀葡萄酒发酵剂的重要途径。

第二节　葡萄酒发酵原理

一、碳水化合物

成熟葡萄中的糖分浓度很高，主要由葡萄糖和果糖组成以及少量的蔗糖。尽管这些糖是各种微生物的完美碳源，但浆果皮可以隔绝微生物的进入，因此，葡萄酿酒菌种只在机械破碎、昆虫或丝状真菌引起的局部损伤后，才能获得营养成分。

在发酵初期阶段，碳源使酿酒酵母快速繁殖，葡萄醪液中酿酒酵母利用葡萄糖并不断生长、分裂繁殖，果糖所占比例随发酵进行而增加。从分子水平角度分析可知，通过己糖转运蛋白和糖磷酸化酶共同作用下，酿酒酵母优先利用葡萄糖。此外，还涉及质膜中葡萄糖和果糖的特异性蛋白的作用。因此，高果糖、低葡萄糖浓度被认为是导致酿酒酵母发酵停滞的原因之一。一般情况，在发酵过程中糖的分解代谢率不断降低，这种现象被归因于乙醇作用、溶质运输减少和营养成分缺乏。尤其在发酵初期 24～48 h 内，氮源被迅速消耗，这意味着发酵后期处于缺氮状态。因此，在发酵的后期阶段，乙醇浓度的逐渐增加以及糖和其他营养物质的缓慢消耗，将导致菌种细胞开始衰老。研究已证明，在氧气存在的情况下，酿酒酵母仍会通过糖降解生成乙醇和二氧化碳，这一现象称为“巴斯德效应”，被认为是有氧呼吸作用优先于无氧呼吸作用的结果。在葡萄酒酿造过程中，表现为酿酒酵母酒精发酵被抑制。但在氧气存在的情况下，果糖浓度超过 2 g/L 时，酿酒酵母将果糖代替葡萄糖进行酒精发酵，这种发酵代谢现象为“葡萄糖效应”，这是由于葡萄糖利用被抑制所引起的。

（一）糖转运

己糖转运系统中有三种类型蛋白，高亲和力、中间亲和力、低亲和力。它们被证明可以运输葡萄糖、果糖和甘露糖。这些己糖转运蛋白对葡萄糖利用效率比果糖低，而果糖转运最大速率高于葡萄糖。

现阶段已经完成了酵母基因组测序，酿酒酵母编码了至少20个己糖转运蛋白，这些编码转运蛋白具有不同功能，葡萄糖传感器如Snf3和Rgt2，多药转运蛋白如Hxt9和Hxt11，多元醇转运蛋白如Hxt13和Hxt15-Hxt17，它们大多数能够通过质膜转运葡萄糖和果糖，还有一些缺乏7个基因（Hxt1~Hxt7）的菌株不能依靠葡萄糖或果糖生长。野生菌株任何一个功能性基因都可以引入突变体中，可以实现单个转运蛋白功能的测试。研究还发现，低亲和力转运蛋白是在高葡萄糖浓度下产生的，而高亲和力转运蛋白则是在低浓度糖下起主导作用。

从葡萄酒菌株中可以筛选出一些缺乏主要己糖转运蛋白基因（Hxt1~Hxt7）的突变体。对这些己糖转运蛋白基因（Hxt1~Hxt7）进行功能性研究，Hxt3转运蛋白基因在酿酒酵母发酵过程中发挥着重要作用；高亲和力转运蛋白载体基因Hxt6和Hxt7在发酵结束后参与己糖转运；而Hxt1可能仅在发酵开始时发挥作用。Hxt1和Hxt7的联合过表达证明了促进己糖被吸收利用的重要性，使葡萄糖消耗和乙醇产量增加。研究还发现不同天然菌株和商业菌株之间，己糖转运蛋白基因和发酵能力差异显著。与其他葡萄酒菌株相比，具有Hxt3等位基因的商业菌株能够更好地利用果糖，在发酵过程中葡萄糖/果糖比率发生显著变化。通过对不同酿酒酵母菌株和种间杂交种中的Hxt3基因进行研究，其中突变等位基因与能够重新启动停滞发酵的强大酵母相关。高亲和力果糖转运体基因Fsy1，其并未在商业葡萄酒酵母EC1118和其他菌株中发现，其产生受到高浓度己糖的抑制，其对发酵结束可能很重要。研究还发现，其他己糖转运蛋白基因也存在遗传变异性。

（二）糖酵解

己糖被利用效率影响酿酒酵母糖酵解速率，由于糖酵解关键酶的量与乙醇量无显著相关性，所以酶促反应可能不是限速反应。研究还发现在糖酵解过程中，低浓度糖对酶过量表达可能具有积极作用。酿酒酵母一进入细胞，磷酸化激酶就会作用于葡萄糖和果糖，其是糖酵解第一个不可逆步骤。对转录基因调控作用的研究表明，Hxk2 是主要异构体表达基因，调控细胞中异构体。在酿酒酵母细胞接入不可发酵碳源后，Hxk2 基因停止表达，并且 Hxk1 和 Glk1 表达被激活。在不同生产阶段下监测了葡萄酒菌株的转录组，发现在发酵的第一阶段，Hxk2 被高度表达；第二阶段，菌株细胞生长停止但发酵仍在进行时，Hxk2 转录减少，Hxk1 和 Glk1 开始表达，这些研究解开了 Hxk1 和 Glk1 功能的谜团。研究菌株糖酵解酶动力学参数发现，从 Hxk2 到 Hxk1 的转变是有利的，因为 Hxk1 显示出更高的果糖酶促反应速率。当葡萄糖水平非常低时，葡萄糖激酶对葡萄糖表现出非常高的亲和力；当葡萄糖水平非常高时，Hxk2 基因具有活性，ATP 受到抑制。

己糖激酶调节 ATP 与 Hxk2 基因相关，在高糖浓度下具有活性，表明 ATP 抑制可能对体内活性不重要。糖酵解进一步转化 3-磷酸甘油醛，则取决于 NAD+，NAD+在酒精发酵的最后反应中从 NADH 再生。如果醇脱氢酶的再氧化能力有限，NAD+可以通过呼吸或通过磷酸二羟基丙酮转化为甘油再生。这是葡萄酒中甘油的主要来源，其产生也可能是由发酵初期的渗透胁迫引发的。糖酵解的最后一步由 Pyk1 编码的丙酮酸激酶作用完成，在该途径中产生第二个 ATP，并且基本上是不可逆的。因此，丙酮酸激酶作为糖酵解的第二个控制点，也受到变构调节。

总之，除了上述介绍的酶，糖酵解还有很多酶都参与了，如丙酮酸脱羧酶和醇脱氢酶等，酶至少占酿酒酵母总可溶性蛋白的 30%，这与转录组数据一致，表明在整个酒精发酵过程中基因表达水平较高。同时，基因表达会受发酵条件影响，如水分，当用于葡萄酒进行发酵时，糖酵解基因的表达似乎有所不同。

（三）其他副产物

甘油被认为是葡萄酒生产中酵母酒精发酵产生的一种有价值的副产品，它主要在发酵的早期阶段形成，并在整个过程中保持稳定，因为它在厌氧条件下不会被消耗。甘油来源于糖酵解，被基因 Gpd1 和 Gpd2 编码的 3-磷酸甘油脱氢酶将磷酸二羟丙酮转化为 3-磷酸甘油。与乙醇相反，甘油不能通过质膜扩散，并由 Fps1 转运子排出。

醋酸盐作为挥发性酸来源的主要成分，增加了负面的口感。研究发现，通过重组编码脱氢酶异构体的基因 Ald2、Ald3 和 Ald6、编码线粒体异构体的基因 Ald4 和 Ald5 来调控乙酰辅酶 A 合成酶活力，从而调控醋酸盐生成。因此，可以利用基因工程获得减少醋酸盐产生的酿酒酵母菌株。

二、有机酸

在葡萄汁和葡萄酒中存在大量的乳酸菌，它们适应低 pH 和高酒精含量，如 *O. oeni*，*Lb. hilgardii*、*Lb. brevis*、*Lb. plantarum* 和 *Lb. pentosus*。乳酸菌在葡萄酒中生长，在很大程度上取决于葡萄汁中的糖和有机酸。大多数乳酸菌，如 *O. oeni* 能够降解己糖、戊糖和其他糖，导致不良产物的释放；并且葡萄酒中 *O. oeni* 还与有机酸代谢活动有关，使苹果酸降解，改善葡萄酒口感；*O. oeni* 还能够通过精氨酸脱氨酶途径进行精氨酸发酵。

有机酸在乳酸菌异发酵中起着重要作用。葡萄中存在有机酸被乳酸菌代谢，如柠檬酸盐和苹果酸盐代谢数量较多，而富马酸盐、酒石酸盐和丙酮酸盐的代谢数量则有限。柠檬酸盐需要与己糖共同发酵，而苹果酸盐、丙酮酸盐和 L-酒石酸盐可以单独发酵，例如丙酮酸可以作为唯一的底物为 *O. oeni* 生长繁殖的有机酸类营养成分。

（一）苹果酸

在葡萄果汁和葡萄酒中，乳酸菌利用苹果酸或苹果酸盐进行苹果酸-乳酸发酵（MLF）具有重要的生理意义，苹乳发酵依赖苹果酸盐化学渗透机制来实现。在酸性较弱的条件下，乳酸乳球菌转运是由苹果酸和乳酸反向转运蛋白介导的，转运过程会引起苹果酸一个电荷的净转运和跨膜运输。苹果酸可以为细菌生长提供能源，但显然不能作为唯一能源支持生长，该反应通过将二价羧酸转化为单价羧酸，降低酸度，从而提高葡萄酒中 pH。

（二）柠檬酸

在糖代谢过程中，乳酸菌利用柠檬酸盐作为电子受体，如 *O. oeni* 和

Lc. mesteroides。葡萄糖、果糖、乳糖或木糖等为柠檬酸盐降解提供糖源。在乳酸发酵中，还有一部分乳酸菌能够将柠檬酸盐作为唯一的有机酸底物。

柠檬酸盐被柠檬酸裂解酶裂解后，产生草酰乙酸盐，草酰乙酸盐被草酰乙酸脱羧酶脱羧为丙酮酸。在足够的 NADH 情况下，大多数丙酮酸盐被还原为乳酸盐，乳酸盐驱动柠檬酸盐或乳酸盐反向转运。部分丙酮酸盐被缩合和转化为乙偶姻和 2，3-丁二醇。乙偶姻通过氧化作用产生二乙酰，乙二酰基是葡萄酒特征风味化合物，整个过程称为乙偶姻途径。在没有碳源情况下，柠檬酸盐为其提供养分，细菌仍能生长，说明乙偶姻途径至关重要。

（三）丙酮酸

丙酮酸生成途径速率与葡萄糖降解速率相当，丙酮酸盐通过丙酮酸脱氢酶（PDH）脱羧为乙酰辅酶 A 和 NADH，乙酰辅酶 A 用于 ATP 的形成，NADH 通过乳酸脱氢酶转移到第二个丙酮酸分子。细菌菌种 *O. oeni* 和 *Lc. mesteroides* 可产生 PDH，其被认为是一种典型的有氧代谢酶，但丙酮酸盐替代性厌氧酶，如蛋白氧化还原酶、丙酮酸脱羧酶和丙酮酸甲酸裂解酶，不是由细菌直接产生的，而是 NADH 通过乳酸脱氢酶促使第二个丙酮酸分子再氧化而产生的。

（四）富马酸

葡萄酒或葡萄酒中存在的少量富马酸盐，在转化为苹果酸或琥珀酸后，富马酸盐会被酵母降解；富马酸盐会胁迫乳酸菌生长，但当与有机酸一起培养时，苹果酸发酵细菌能够将富马酸降解为乳酸和 CO_2。

（五）L-酒石酸

只有在其他有机酸降解后，在特定条件下 L-酒石酸才能降解。只有少数乳酸菌能够代谢 L-酒石酸盐，其降解仅在变质葡萄酒中发现。植物乳杆菌通过脱水酶将 L-酒石酸降解为草酰乙酸，草酰乙酸脱羧为丙酮酸。在细菌 *O. oeni* 的丙酮酸发酵反应中，一半丙酮酸转化为醋酸盐和 CO_2，另一半转化为乳酸盐。但酒石酸盐只参与转运，并不支持菌株的生长。而对于短乳杆菌和其他异发酵乳杆菌，L-酒石酸代谢则是通过分支途径进行。约三分之二的酒石酸盐发酵成醋酸盐和 CO_2，残留的 L-酒石酸盐转化为琥珀酸。

三、氨基酸

在酿酒过程中，微生物对氨基酸的分解代谢会产生大量的挥发性和非挥发性化合物。代谢产物有风味物质也有有害成分，其中生物胺（biogeni-camine，BA）对人类健康有潜在危害。生物胺是由其各自的游离前体氨基酸脱羧产生的低分子量的有机碱，是酵母和乳酸菌在酿酒过程中形成和积累的成分。除生物胺外，还有致癌作用的化合物，如氨基甲酸乙酯，它是葡萄酒微生物通过乙醇和含有氨基甲酸基团的非酶反应形成的。

由于酵母和乳酸菌对可利用氨基酸的分解代谢活性，产生风味物质以及有害化合物，所以葡萄的氨基酸组成对葡萄酒的品质和安全具有显著的影响。酵母和乳酸菌利用氮的情况存在显著差异：酵母能够利用氨态氮和氨基酸，而乳酸菌仅能利用有机氮和具有肽酶活性的氨基酸，它们利用氮源的能力随着种类不同而变化。氨基酸的微生物分解代谢主要通过五组酶（氨基转移酶、脱羧酶、脱水酶、裂解酶和脱氨酶）的活性发生，这些酶在细胞内将氨基酸转化为一系列挥发性和非挥发性化合物，如 α-酮酸类、醛类、羟基酸类、醇类和胺类，它们决定葡萄酒的感官品质。其中在氨基酸分解代谢过程中，会产生大量的胺类化合物，通常被称为生物胺。由于其对人类健康的潜在危害，在葡萄酒研究过程中受到了广泛关注。

生物胺是一类具有生物活性含氮的低分子量有机化合物的总称。可看作是氨分子中 1~3 个氢原子被烷基或芳基取代后而生成的物质，是脂肪族，酯环族或杂环族的低分子量的有机碱，常存在于动植物体内及食品中。由于其各自的游离前体氨基酸通过底物特异性微生物脱羧酶的作用脱羧而成，所以组胺、酪胺、腐胺、尸胺、2-苯乙胺、胍丁胺和色胺分别来源于前体氨基酸的组氨酸、酪氨酸、鸟氨酸、赖氨酸、苯丙氨酸、精氨酸和色氨酸。存在于发酵食品和葡萄酒中的胺包括脂肪族挥发性胺，如甲胺、乙胺和异丙胺，它们是通过非含氮化合物（如醛和酮）的胺化产生；而多胺、精胺和亚精胺，其可由腐胺（1，4-二氨基丁烷）产生。

如果敏感人群摄入一定浓度生物胺，会出现不同程度生理症状。杂环胺（组胺），它是毒性最大、研究最多的生物胺，可能会引起头痛、低血压、心悸以及皮肤和胃肠道疾病；芳香胺（酪胺和2-苯乙胺）会导致偏头痛和高血压，可能是由于激素去甲肾上腺素和去甲麻黄碱引起血管收缩；多胺（腐胺、胍丁胺、尸胺、精胺和亚精胺），其本身无毒，但能增强有毒胺的作用，还能抑制酶活力，如氨基氧化酶，催化胺的氧化脱氨作用；挥发性单胺，是一种具有刺激性气味的化合物，对人的感官产生负面作用。

新鲜的葡萄汁通常含有低水平的生物胺，几乎完全由亚精胺和腐胺为主。据报道，葡萄藤在应对胁迫条件时会合成生物胺，例如，当葡萄园土壤中的缺钾时，就会在葡萄中积累生物胺。葡萄酒生物胺含量明显高于其各自的新鲜葡萄汁，红葡萄酒生物胺含量显著高于白葡萄酒。可能归因于红葡萄酒酿酒过程通常包括二次转化（苹果酸-乳酸发酵），而在白葡萄酒生产中不会发生或不是必需的发生。因此，生物胺在葡萄酒中的存在被认为是苹乳发酵结果。综上所述，葡萄酒中生物胺的形成需要前体氨基酸和具有氨基酸脱羧酶活性微生物的存在，此外还需要微生物生长和酶活性的环境条件。

（一）生物胺产生

1. 组胺

酒球菌发酵过程中会产生组胺，是葡萄酒苹乳发酵中的优势菌种，已经确定 *O. oeni* 在苹乳发酵过程中会形成少量组胺，但大部分是在之后形成。乳酸杆菌也能够产生组胺，即使在苹乳发酵过程中和之后都能产生组胺，但是其浓度低于 *O. oeni*。

2. 酪胺

葡萄酒发酵过程中乳酸菌产生酪胺并不常见，在 *O. oeni* 中很可能不存在或罕见。迄今为止，在葡萄酒 *lactobacillus* 发酵中，*Lb. brevis* 和 *L. hilgardii*

代谢过程中发现产生酪胺，前者产生酪胺较高。因此，*lactobacillus* 可能是葡萄酒中酪胺浓度高的主要原因。同时，还有证据说明从苹乳发酵过程中分离出的 *O. oeni* 菌种能够在模型发酵体系中将酪氨酸脱羧为酪胺。

3. 腐胺

一般来说，腐胺是葡萄酒中最丰富的生物胺，腐胺被认为是乳酸菌发酵过程中产生的。有研究表明，腐胺产生与细菌含有两种形式的脱羧酶（ODC）相关：一种是组成型脱羧酶，细菌在最低浓度培养基、中性 pH 条件生长时会产生该酶；另一种是诱导型脱羧酶，在富培养基、低 pH 条件下诱导产生该酶，在维持 pH 稳态中发挥作用。

腐胺产出量不能仅取决于游离鸟氨酸的量，因为游离鸟氨酸在葡萄酒中的浓度通常都很低。事实上，鸟氨酸也可能由精氨酸的分解代谢产生，精氨酸是葡萄汁中的主要氨基酸之一，在酒精发酵过程中主要由酵母代谢产生。精氨酸通过精氨酸脱氨酶途径被几种乳酸菌（*Lactobacillus* 和 *Staphylococcus*）分解代谢。该代谢途径由三种串联作用的酶组成：精氨酸脱氨酶（ADI）、鸟氨酸转氨淀粉酶（OTC）和氨基甲酸酯激酶（CK）。因此，分解代谢精氨酸的细菌细胞除了排出少量瓜氨酸外，还排出鸟氨酸、氨和二氧化碳，主要产物的摩尔比接近 1∶2∶1，这一过程可以是鸟氨酸主要生成途径。*O. oeni* 菌种被证明仅有鸟氨酸产生腐胺的能力，而其他菌株则能够利用精氨酸产生腐胺，因其具有将精氨酸降解为鸟氨酸，然后将鸟氨酸脱羧为腐胺的必要酶系统。

4. 其他类生物胺

组胺、酪胺和腐胺因其毒性以及在葡萄酒中高含量而受到广泛关注，然而细菌氨基酸脱羧酶作用也可以产生其他胺。葡萄酒发酵过程中检测出胍丁胺和尸胺等生物胺类，但对其产生相关微生物研究较少。*O. oeni* 菌种被证明能够产生大量的尸胺，并且一直保持着产生腐胺的活性酶系。*O. oeni* 菌种产生尸胺和腐胺时，也会产生低量组胺。胍丁胺可能来源于精氨酸的脱羧，但该反应仅在 *L. hilgardii* 中得到证实，该菌株可能具有精氨酸分解代谢的异常途径。

（二）生物胺控制

依据葡萄酒中生物胺形成原因和因素，OIV 于 2011 年发布了一份良好葡萄栽培规范，以最大限度地减少葡萄产品中生物胺的存在，该规范中提出在葡萄园、葡萄收获期间和地窖储存期的应采取技术措施。

葡萄园措施应考虑 OIV 提出可持续葡萄栽培指南中的建议，特别是涉及施肥、树叶和葡萄串的通风以及葡萄的植物化学保护等。在葡萄栽培过程中采取预防措施，既限制生物胺或其前体产生，也有利于维持葡萄酸度和防止葡萄汁 pH 值升高，增加葡萄汁的氮含量。在葡萄收获期间，建议采用防治措施防止葡萄串被真菌侵染，并尽量减少葡萄运输到地窖前被损坏。最后，在葡萄酒发酵前、发酵时和发酵后采取防治措施。

1. 发酵前期

确保地窖卫生。如果浆果变质，必须尽量缩短浸渍时间，浸渍期是产生生物胺的重要因素之一，生物胺前体氨基酸的富集、pH 值的增加、本地酵母和细菌的活性都会促进生物胺的产生。因此，要调控发酵条件以避免产生生物胺，如提高发酵条件 pH 值（3.6~3.7）；避免发酵前期激活自发苹乳发酵，可以添加 SO_2、溶菌酶等。

2. 发酵期

限制氨态氮、灭活酵母使酵母细胞壁或酵母自溶物达到最低浓度；应使用不易形成生物胺的酿酒酵母作为菌种；控制接种乳酸菌时间，确保苹乳发酵应在酒精发酵后；在苹乳发酵期间，葡萄酒接种乳酸菌，能够防止不良本土细菌的增殖，从而防止生物胺生成；苹乳发酵后，建议通过添加 SO_2 灭菌，但一定要控制 SO_2 使用量。

3. 发酵后期

建议进行微生物分析，以确定具有脱羧酶活性的乳酸菌群体生长繁殖；澄清葡萄酒，降低生物胺含量。

综上所述，人们越来越关注葡萄酒中的生物胺，不仅是因为人们对更健康的食品和饮料需求，还因为其影响葡萄酒产品品质。为了克服生物胺的潜在风险，可实施技术有：①阻止自发发酵，利用已经掌握生化特性的酵母或苹果酸乳酸菌株进行葡萄酒发酵；②控制葡萄的 pH 值，从而使乳酸杆菌和葡萄球菌产生生物胺受到阻碍；③苹乳发酵完成后，通过溶菌酶或 SO_2 处理消除有害细菌种群，从而破坏 BA 的产生；④添加细菌来源的酸性脲酶制剂或使用尿素降解酵母菌株。

四、含硫化合物

（一）含硫氨基酸

与许多其他微生物相比，酵母具有利用各种硫化合物的能力，各种有机或无机硫化合物都可以作用硫源。硫元素可以存在于各种稳定的化合物中，其中硫的范围从最易还原的硫化物到最易氧化的硫酸盐。对于所有微生物来说，含硫氨基酸的生物合成需要从其生长培养基中积累硫原子，然后将其运输给中间化合物，最后转化为硫原子的还原形式。酿酒过程中酵母的主要硫源是硫酸盐，硫酸盐在葡萄中的含量必须在 160~400 mg/L，甚至更高。Cherest 等分离并鉴定了两种硫酸盐转运蛋白，硫酸盐通过腺苷化被激活，再被还原（需要四个 $NADPH+H^+$分子和两个 ATP 分子）。硫酸盐腺苷反应降低了硫酸盐的电势，随后通过 $NADPH+H^+$氧化还原为亚硫酸盐和硫化物。硫酸盐的活化是通过 ATP 的磷酸腺苷部分转移到硫酸盐中，通过 ATP 磺酰化酶催化的；硫酸盐再被还原为亚硫酸盐，亚硫酸盐被亚硫酸盐还原酶还原形成硫化物。硫化物通过几个酶促反应被结合到氨基酸中，高丝氨酸、半胱氨酸、甲硫氨酸等，其中甲硫氨酸和 S-腺苷甲硫氨酸之间平衡，在稳定细胞状态中起着核心作用。

（二）亚硫酸盐

酿酒酵母产生亚硫酸盐受菌株特征和葡萄汁成分的影响。在酿酒酵母中有产生低亚硫酸盐（10~30 mg/L）的菌株，也有高亚硫酸盐（超过 100 mg/L）的菌株。Suzzi 等在 1700 株酿酒酵母中发现大多数（80%）产生 SO_2 低于 10 mg/L，只有四株合成的 SO_2 超过 30 mg/L，磺酰酶和亚硫酸盐还原酶在调节高和低亚硫酸产生酵母菌株的硫代谢中，具有显著的活性变化。研究还发现，较高水平的蛋氨酸和半胱氨酸可以降低亚硫酸盐还原酶的活性。葡萄酒酵母生产亚硫酸盐也受到葡萄汁营养成分的影响，此外还受到硫酸盐浓度、澄清度、初始 pH 值、温度和其他环境条件的影响。

（三）谷胱甘肽

活细胞中的主要抗氧化剂之一是三肽谷胱甘肽，它是通过半胱氨酸与谷氨酸和甘氨酸的反应形成的。谷胱甘肽由于其半胱氨酸分子的 S-H 基团而使某些硫醇保持在还原阶段，从而防止细胞破坏。此外，它还可以与重金属和其他有毒化合物反应。谷胱甘肽通过谷胱甘肽过氧化物参与氧化应激反应和解毒过程。

谷胱甘肽于 1921 年由 Hopkins 和 Kendall 在酵母中发现，它可能占酿酒酵母干重的 0.5%~1%，占低分子量硫化物的 95%以上，并高浓度存在于酵母细胞中。Cheynier 等研究表明，不同品种葡萄汁中的谷胱甘肽含量在 14~102 mg/L。Dubourdieu 和 Lavigne Cruege 研究发现长相思中的谷胱甘肽水平与葡萄藤的含氮直接相关。葡萄汁中谷胱甘肽含量 1.3 mg/L，葡萄酒中高达 5.1 mg/L，葡萄酒中谷胱甘肽的最终浓度与总氮和可同化氨基酸浓度相关；在发酵结束时，观察到谷胱甘肽的增加。Lavigne 等研究了发酵后谷胱甘肽的量，可以选择合适的酵母菌株和长期贮藏来提高谷胱甘肽水平。谷胱甘肽在减少挥发性硫醇流失中发挥着重要作用，挥发性硫醇则是使瓶装葡萄酒在陈酿过程中产生品种风味的重要化合物。在装瓶时，添加 10 mg/L 谷胱甘肽可以防止葡萄酒发黄，稳定硫醇含量，减缓葡萄酒老化。因此，在发酵和储存过程中，谷胱甘肽形成和释放量有助于挥发性硫醇的稳定，防止葡萄酒的非典型老化和褐变。

（四）挥发性含硫化合物

挥发性硫化合物是食物中具有代表性的香气化合物，尤其在葡萄酒感官评价中发挥着重要作用。葡萄酒中的硫化合物可分为硫醇、硫醚、硫酯和杂环化合物，有些硫化合物会对葡萄酒产生负面影响，有些则会产生强烈的特征性风味（熟卷心菜、花椰菜、焦橡胶、熟肉等）。硫醇与金属残留物（如铜和银）的反应性很高，而且在微量氧气条件下也能快速氧化。因此，很难研究挥发性硫化合物的存在和形成，挥发性硫化合物是通过涉及酶或非酶过程的几种途径形成的，其过程太过烦琐。

在20世纪80年代初，已经有人提出，某些挥发性硫醇有助于葡萄酒的特征香气。挥发性硫醇几乎不存在于葡萄汁中，只在发酵过程中形成。选择合适酵母菌株对于提高葡萄酒的风味复杂性、释放所需的挥发性硫醇和创造特征风格的葡萄酒具有相当重要的意义。因此，特色酵母菌株的选用对于开发某些“典型”风味的品种，激活和释放葡萄酒特征风格具有非常重要作用。

综上所述，酵母硫代谢直接影响葡萄酒的风味，硫相关的异味主要是由于葡萄汁中缺乏可同化的氮和其他营养素而引起的。因此，酵母在发酵过程中营养成分与含硫化合物复杂关系以及其对风味起到作用将会引起人们的高度关注。此外，相同或不同酵母菌种相互协同作用，以及它们对挥发性和非挥发性硫化合物形成的影响，还有其他微生物含硫化合物代谢作用，如乳酸菌和真菌（如灰葡萄孢），也都应纳入葡萄酒领域的研究中。

五、多糖

有几种真菌、酵母菌和细菌在葡萄酒发酵过程中会产生多糖，如灰葡萄孢菌、酿酒酵母和乳酸菌。多糖是微生物代谢产生分子量最高的成分，由几种不同的单糖（杂多糖）或单个单糖的重复（同多糖）制成糖单元组成，直接影响葡萄酒的质量。在整个酿酒过程中，可溶性更强的葡萄多糖更易被利用，如果胶和阿拉伯半乳聚糖。从采摘到酒精发酵结束，由于葡萄和微生物果胶水解酶的作用，果胶逐渐降解为较小的多糖。在酒精发酵和陈酿过程中，酵母（酿酒酵母和非酿酒酵母）会释放甘露糖蛋白，这些分子构成了葡萄酒多糖。酒精发酵过程中 *O. oeni* 在苹果酸-乳酸发酵中占主导地位，使葡萄酒多糖成分发生变化，表明 *O. oeni* 与葡萄孢酵母一样，具有产生和降解多糖能力。

葡萄孢酵母被认为是可以改变葡萄酒最终多糖成分的菌种：果胶被水解，形成特定的中性聚合物。灰葡萄孢是一种真菌，寄主范围非常广泛。它在葡萄上的发育可能是有害的（灰腐病），也可能是有益的（贵腐病）。

腐烂的葡萄中的果胶不再含有多糖，并伴随着半乳糖和甘露糖浓度的改变。此外，灰葡萄孢产生的胞外多糖，可以通过醇沉淀分离出醇溶性较强的杂多糖和醇溶性较低的葡聚糖。这些胞外多糖大部分附着在菌丝细胞壁上，形成胶囊（60%），而其余（40%）则以黏液的形式释放。杂多糖研究比葡聚糖少，杂多糖由甘露糖、半乳糖、葡萄糖和鼠李糖组成，分子量在 $1\times10^4\sim5\times10^4$，其具有 β-1，3 连接的葡糖苷残基的线性骨架，具有由单个 β-1，6 连接的葡苷残基组成的支链，其结构在酵母和丝状真菌的细胞壁聚合物中很常见。葡聚糖的分子量为 $1\times10^5\sim1\times10^6$，超声波处理将聚合物与黑色素分离，产生 $5\times10^4\sim2.5\times10^5$ 的葡聚糖原纤维。

葡萄酒中可以发现许多乳酸菌，尤其是在酒精发酵后，它们驱动苹乳发酵时，可溶性多糖浓度增加或减少，如 *O. oeni* 在苹乳发酵时可能会降解多糖，但也有特定细菌多糖的释放，会使葡萄酒呈现出油性、黏稠的质地等。到目前为止，所有研究都发现了 *O. oeni* 中存在控制胞外多糖代谢的基因，改变生长条件可以刺激胞外多糖的产生。大多数胞外多糖不被消耗，也不构成外部碳源。但它们具有益于葡萄酒酿造的特性。β-葡聚糖被认为可以提高昆虫或动物肠道中细菌的存活率，从而有助于水果中细菌的传播；还可以调节细胞对生物和非生物表面的黏附能力。异多糖胶囊增加了 *O. oeni* 对冷休克以及低 pH 或冷冻干燥的抵抗力。此外，*O. oeni* 胞外多糖可能有助于葡萄和酿酒设备上形成生物膜，这些生物膜有利于细胞在极端条件下存活以及物种之间的基因交换。

世界各地的红葡萄酒、白葡萄酒、啤酒和苹果酒都含有 β-葡聚糖，对于葡萄酒来说，会使口感黏稠，不清爽，导致葡萄酒品质降低。目前，在葡萄酒发酵或陈酿时，采用良好管理措施可以避免产品出现黏稠感；也可以采用硫酸化法、溶菌酶处理或 β-葡聚糖酶，控制 β-葡聚糖的产生。

六、酶

葡萄酒发酵主要是复杂的酶促反应过程。酿酒酵母细胞内糖酵解相关酶催化葡萄糖转化为乙醇和二氧化碳。此外，菌种释放的各种酶会影响葡萄酒的成分、颜色和感官特性。不同菌种分泌不同的水解酶（酯酶、脂肪酶、糖苷酶、葡聚糖酶、果胶酶、淀粉酶、蛋白酶），葡萄酒发酵是酶体系与葡萄中营养成分相互作用完成。

（一）蛋白酶

葡萄酒蛋白质来源于葡萄和酵母，约占总氮的2%。在成品酒中有时不稳定，并沉淀产生絮状物，降低葡萄酒，尤其是白葡萄酒的商业价值。有些葡萄酒蛋白可能具有致敏性，如脂质转移蛋白；有些可作为葡萄酒澄清剂，如溶菌酶、果胶酶、卵清蛋白、明胶、酪蛋白；还有一些蛋白质是葡萄植株在遇到微生物侵害和非生物胁迫等因素刺激而产生的，如β-葡聚糖酶、几丁质酶，它们也是隐藏的过敏原，可能会给消费者身体带来过敏反应。

目前，去除蛋白质主要通过使用膨润土来实现，但此方法也会减少葡萄酒产量并降低质量。膨润土基本上起到阳离子交换剂的作用，单个蛋白质吸附在黏土上而被除去，但葡萄酒 pH 在 3.5 以下带负电或高度糖基化的蛋白质几乎不被膨润土结合。因此，需要研究从葡萄酒中去除这一类蛋白质的新型澄清剂。目前，研究发现木瓜蛋白酶具有降低葡萄酒蛋白质的能力，它是一种来自木瓜的半胱氨酸蛋白酶，已用于啤酒酿造。然而，在白葡萄酒中，游离 SO_2 和总酚会降低木瓜蛋白酶的催化活性。

（二）葡聚糖酶

两种类型的葡聚糖酶对葡萄酒发酵比较重要：①外切β-1，3-葡聚糖酶。催化β-葡聚糖链的水解，通过从非还原端依次裂解葡萄糖残基，并释放葡萄糖。②内切β-1，3-葡聚糖酶。催化β-葡聚糖水解低聚糖，检测革兰氏阴性细菌 *D. tsuruhatensis* 菌株的内切β-1，3-葡聚糖酶具有水解两种聚合物的能力，其在50℃和 pH 4.0 时表现出最佳活性，在乙醇、亚硫酸盐和苯酚浓度较高以及低 pH 值下仍然具有活性。酿酒酵母具有葡聚糖酶活性，而多糖降解酶的主要来源是非酿酒酵母。在 Strauss 等研究 245 个酵母分离株中，菌属 *Kloeckera*、*Candida*、*Debaryomyces*、*Rhodotorula*、*Pichia*、*Zygosccharomyces*、*Hanseniaspora* 和 *Kluyveromyces* 等共 21 个菌种，都被检测出产生细胞外果胶酶、β-葡聚糖酶、地衣酶、纤维素酶、木聚糖酶和淀粉酶。

（三）果胶酶

果胶酶被广泛应用于葡萄酒生产加工中，其可以促进果汁提取、降低酒体黏度、澄清酒体以及释放更多的色素和风味化合物，对葡萄酒具有重要作用。食品加工使用可产生果胶酶的商用真菌，商用真菌还可以产生聚半乳糖醛酸酶、果胶裂解酶和果胶甲酯酶。Ramirez 等测试了一种来自黑曲霉的果胶酶，其被固定于壳聚糖载体上，用于果汁和葡萄酒加工。编码聚半乳糖醛酸酶的 Pgu1 基因存在于大多数酿酒酵母菌株中，也就说酿酒酵母具有较高的天然果胶酶活性。葡萄酒冷发酵（15~20℃）被认为会显著增加挥发性化合物释放，从而改善葡萄酒的芳香特性。而此类发酵工艺都需要具有耐冷活性的果胶水解酶，研究也表明了一些嗜冷酵母具有果胶水解酶活性，其酿酒条件 pH 为 3.5 和温度为 6.0~12℃下，它们表现出 50%~80%的最佳活性。

（四）糖苷酶

葡萄酒的感官特征与挥发性化合物的组成密切相关。萜类是比较重要的挥发性化合物。并且单萜由于其气味阈值低，对葡萄酒的嗅觉特征做出了最重要的贡献。香气特征化合物包括无环萜烯醇、芳樟醇、香叶醇、橙花醇、香茅醇、C13 去异戊二烯类、苯衍生物、脂类醇和酚类，它们是次生植物代谢产物，主要来源于浆果皮，较少来源于果肉。然而，高达 90%香气化合物不是以游离态形式存在的，而大多数是与单糖或二糖结合的香气前体——键合态香气化合物，从而形成水溶性和无气味的复合物。因此，糖苷酶水解香气前体物质释放挥发性芳香化合物直接影响葡萄酒的感官特性。大量研究表明，酿酒酵母编码 1，4-β-葡萄糖苷酶，其具有水解葡萄糖苷化合物的能力。Mateo 和 DiStefano 证明了酿酒酵母菌株的粗提取物可以水解葡萄糖苷，该反应被认为是酿酒酵母 β-葡聚糖酶作用。Delcroix 等人使用具有较高 β-葡萄糖苷酶活性的酿酒酵母菌株来改善葡萄酒香气，但萜烯浓度和产品感官品质几乎没有差异。

（五）脂肪酶

葡萄酒中脂质来源于葡萄浆果的各个部分，它们的组成（中性脂质、糖脂、磷脂）和浓度由品种、成熟度和气候等因素决定。此外，酵母自溶会释放脂质，包括三酰基、二酰基或单酰基甘油和甾醇。葡萄汁和葡萄酒中的活性脂质具有甘油骨架，但支链基团存在显著的差异。葡萄汁的脂质是磷酸糖脂，而葡萄酒中的脂质则是糖脂。酵母属 *Candida* 和 *Yarrowia* 的脂肪酶是最重要酶之一。细菌在葡萄汁或葡萄酒中生长时，脂肪酶位于细胞外水解脂质，影响葡萄酒的脂质含量。葡萄酒脂质被水解，产生不同的挥发性化合物和脂肪酸，前者（酯、酮、醛）可能对葡萄酒风味有积极影响，而后者的气味通常是不可取的。

（六）酯酶

酯类（如乙酸乙酯、乙酸异戊酯、已酸乙酯、辛酸乙酯、癸酸乙酯）是葡萄酒中最重要的风味之一，它们有助于葡萄酒获得最理想的果味。酯类直接来源于葡萄以及酒精发酵。在苹果酸-乳酸发酵过程中，已经观察到单酯的浓度变化，例如乙酸乙酯、乙酸异戊酯和乳酸乙酯的增加。另外，在苹乳发酵完成后，已经检测到不同酯的减少。在葡萄酒发酵中乳酸菌具有酯酶活性，尤其是酒球菌。Matthews 等研究了乳酸菌在葡萄酒酯合成和水解中的作用。大多数乳酸菌在 30～40℃ 范围内表现出最高的活性，并能增加乙醇浓度和提高酯酶活性，最高乙醇浓度约为 16%。挥发性酯类化合物的存在决定了葡萄酒的果香，它们是在发酵酵母细胞内形成的。但由于它们是脂溶性的，可以通过膜扩散到发酵培养基中。迄今为止，已经分离出六种不同的酿酒酵母酯酶，并将其表征为具有酯合成或水解酶活性，其中醇乙酰转移酶具有最大的活性，也是研究最多的。

（七）酚氧化酶

酚氧化酶是一种含铜的酶，其利用分子氧可以氧化大部分的芳香化合物。大量研究发现葡萄酒相关乳酸菌中具有酚氧化酶活性。Callejon 等在从葡萄酒中分离出的乳酸菌菌种中也发现了具有生物胺降解的酶活性。从植物乳杆菌 J16 和乳酸片球菌 CECT 5930 菌株中分离和纯化了生物胺降解酶，并鉴定为酚氧化酶。

（八）单宁酶

单宁是葡萄浆果中最丰富的可溶性多酚类物质，存在于果皮和种子中。它们分子量大小各不相同，从二聚体到三聚体再到具有 30 多个亚基的低聚物。单宁进入了葡萄酒，尤其是在红葡萄酒中，它们会产生一些苦涩味。单宁酶（单宁酰基水解酶）可以水解没食子单宁中的酯键和去糖苷键，产生没食子酸和 D-葡萄糖，其常被用于生产啤酒、果汁和葡萄酒。葡萄酒多数细菌中都已经检测到单宁酶活性，而植物乳杆菌菌株在细胞外也存在单宁酶。

综上所述，微生物的酶活性对葡萄酒的品质起着关键作用。它们会影响最终产品的颜色和味道以及浊度和黏稠度等物理特性。酿酒酵母是主要的酿酒菌种，与非酿酒酵母和乳酸菌不同，它们不是水解胞外酶（蛋白酶、糖苷酶、葡聚糖酶）的重要生产者，但可以通过先进技术解决这一难题。因此，深入研究葡萄酒相关酶的表达，有利于葡萄酒优秀菌种的选育。同时，通过功能强大酶制剂或混合发酵剂的研究，可以酿造出具有更多个性化感官特征的葡萄酒。

参考文献

[1] Boynton P J, Greig D. Species richness influences wine ecosystem through a dominant species [J]. Fungal Ecol, 2016 (22): 611-671.

[2] Bagheri B, Bauer F F, Setati M E. The diversity and dynamics of indigenous yeast commu-nities in grape must from vineyards employing different agronomic practices and their influence on wine fermentation [J]. S Afr J Enol Vitic, 2015, 36 (36): 243-251.

[3] Setati M E, Jacobson D, Bauer F F. Sequence-based analysis of the *Vitis vinifera* L. cv Cabernet Sauvignon grape must mycobiome in three South African vineyards

employing distinc agronomic systems [J]. Front Microbiol, 2015 (6): 1358.

[4] Robinson H A, Pinharanda A, Bensasso A. Summer temperature can predict the distribution of wild yeast populations [J]. Ecol Evol, 2016, 6 (4): 1236-1250.

[5] Marsit S, Dequin S. Diversity and adaptive evolution of *Saccharomyces* wine yeast: a review [J]. FEMS Yeast Res, 2015, 15 (7): 50-67.

[6] Magwene P M. Revisiting Mortimer's genome renewal hypothesis: heterozygosity, homo-thallism, and the potential for adaptation in yeast [C]. Landry CR, Aubin-Horth A (eds) Ecological genomics: ecology of genes and genomes, Heidelberg, Springer, 2014: 37-48.

[7] Liti G, Barton D B H, Louis E J. Sequence diversity, reproductive isolation and species concepts in *Saccharomyces* [J]. Genetics, 2006, 174 (2): 839-850.

[8] Legras J-L, Merdinoglu D, Cornuet J M, et al. Bread, beer and wine: *Saccharomyces cerevisiae* diversity reflects human history [J]. Mol Ecol, 2007, 16 (10): 2091-2102.

[9] Schacherer J, Ruderfer D M, Gresham D, et al. Genome-wide analysis of nucleotide-level variation in commonly used *Saccharomyces cerevisiae strains* [J]. PLoS One, 2007, 2 (3): 322.

[10] Knight S, Goddard M R. Quantifying separation and similarity in a *Saccharomyces cerevisiae* metapopulation open [J]. IMSE J , 2015 (9): 361-370.

[11] Cliften P, Sudarsanam P, Desikan A, et al. Finding functional features in *Saccharomyces* genomes by phylogenetic footprinting [J] . Science, 2003, 301 (5629): 71-76.

[12] Khan W, Augustyn O P H, Van der Westhuizen T J, et al. Geographic distribution and evaluation of *Saccharomyces cerevisiae* strains isolated from vineyards in the warmer inland regions of the Western Cape in South Africa [J]. S Afr J Enol Vitic, 2000, 21 (1): 17-31.

[13] Schuller D, Alves H, Dequin S, et al. Ecological survey of *Saccharomyces cerevisiae* strains from vineyards in the Vinho Verde region of Portugal [J]. FEMS Microbiol Ecol, 2005, 51 (2): 167-177.

[14] Valero E, Cambon B, Schuller D, et al. S. Biodiversity of *Saccharomyces yeast*

strains from grape berries of wine producing areas using starter commercial yeasts [J]. FEMS Yeast Res, 2006, 7 (2): 317-329.

[15] Borneman A R, Forgan A, Kolouchova R, et al. Whole genome compar-ison reveals high levels of inbreeding and strain redundancy across the spectrum of commercial wine strains of Saccharomyces cerevisiae [J]. G3 Genes Genom Genet, 2016, 6 (4): 957-971.

[16] Almeida P, Barbosa R, Alar P, et al. A populations genomics insight into the Mediterranean origins of wine yeast domestication [J]. Mol Ecol, 2015, 24 (21): 5412-5427.

[17] Eberlein C, Leducq J B, Landry C R. The genomics of wild yeast populations sheds light on the domestication of man's best (micro) friend [J]. Mol Ecol, 2015, 24 (21): 5309-5311.

[18] Schutz M, Gafner J. Dynamics of the yeast strain population during spontaneous alcoholic fermentation determined by CHEF gel electrophoresis [J]. Lett Appl Microbiol, 1994, 19 (4): 253-257.

[19] Gutierrez A R, Lopez R, Santamaria M P, et al. Ecology of inoculated and spontaneous fermentations in Rioja (Spain) musts, examined by mitochondrial DNA restriction analysis [J]. Int J Food Microbiol, 1997, 36 (2-3): 241-245.

[20] Constanti M, Poblet M, Arola L, et al. Analysis of yeast populations during alcoholic fermentation in a newly established winery [J]. Am J Enol Vitic, 1997, 48 (3): 339-344.

[21] Van der Westhuizen T J, Pretorius I S, Augustyn O H P. Geographical distribution of indigenous Saccharomyces cerevisiae strains isolated from vineyards in the costal regions of the Western Cape in South Africa [J]. S Afr J Enol Vitic, 200b, 21 (1): 3-9.

[22] Fernández M, Ú beda J F, Briones A I. Typing of non-Saccharomyces yeasts with enzymatic activities of interest in wine-making [J]. Int J Food Microbiol, 2000, 59 (1-2): 29-36.

[23] Belda I, Navascues E, Marquina D, et al. Dynamic analysis of physiological properties of Torulaspora delbrueckii in wine fermentations and its incidence on

wine quality [J]. Appl Microbiol Biotechnol, 2015, 99 (4): 1911-1922.

[24] Cordero-Bueso G, Esteve-Zarzoso B, Cabellos J M, et al. Biotechnological potential of non-Saccharomyces yeasts isolated during spontaneous fermentations of Malvar (*Vitis vinifera* cv. L.) [J]. Eur Food Res Technol, 2013, 236 (1): 193-207.

[25] Sadoudi M, Tourdot-Marechal R, Rousseaux S, et al. Yeast e yeast interactions revealed by aromatic profile analysis of Sauvignon Blanc wine fermented by single or co-culture of non-Saccharomyces and Saccharomyces yeasts [J]. Food Microbiol, 2012, 32 (2): 243-253.

[26] Lopez S, Mateo J J, Maicas S. Characterisation of *Hanseniaspora* isolates with potential aroma-enhancing properties in Muscat wines [J]. S Afr J Enol Vitic, 2014, 35 (2): 292-303.

[27] Anfang N, Brajkovich M, Goddard M R. Co-fermentation with Pichia kluyveri increases varietal thiol concentrations in Sauvignon Blanc [J]. Aust J Grape Wine Res, 2009, 15 (1): 1-8.

[28] Zott K, Thibon C, Bely M, et al. The grape must non-Saccharomyces microbial community: impact on volatile thiol release [J]. Int J Food Microbiol, 2022, 151 (2): 210-215.

[29] Renault P, Coulon J, Moine V, et al. Enhanced 3-Sulfanylhexan-1-ol production in sequential mixed fermentation with Torulaspora *delbrueckii/Saccharomyces cerevisiae* reveals a situation of synergistic interaction between two industrial strains [J]. Front Microbiol, 2016 (7): 293.

[30] Fukuda K, Yamamoto N, Kiyokawa Y, et al. Balance of activities of alcohol acetyltransferase and esterase in *Saccharomyces cerevisiae* is important for production of isoamyl acetate [J]. Appl Environ Microbiol, 1998, 64 (10): 4076-4078.

[31] Padilla B, Gil J V, Manzanares P. Past and future of non-Saccharomyces yeasts: From spoilage microorganisms to biotechnological tools for improving wine aroma and complexity [J]. Front Microbiol, 2016b (7): 411.

[32] Moreira N, Mendes F, Guedes de Pinho P, et al. Heavy sulphur compounds, higher alcohols and esters production profile of *Hanseniaspora uvarum* and *Han-*

seniaspora guilliermondii grown as pure and mixed cultures in grape must [J]. Int J Food Microbiol, 2008, 124 (3): 231-238.

[33] Rojas V, Gil J V, Pinaga F, et al. Acetate ester formation in wine by mixed cultures in laboratory fermentations [J]. Int J Food Microbiol, 2003, 86 (1-2): 181-188.

[34] Viana F, Gil J V, Genoveés S, et al. Rational selection of non-Saccharomyces wine yeasts for mixed starters based on ester formation and enological traits [J]. Food Microbiol, 2008, 25 (6): 778-785.

[35] Martin V, Giorello F, Fariña L, et al. De novo synthesis of benzenoid compounds by the yeast Hanseniaspora vineae increases flavor diversity of wines [J]. J Agric Food Chem, 2016, 64 (22): 4574-4583.

[36] Whitener M E B, Carlin S, Jacobson D, et al. Early fermentation volatile metabolite profile of non-Saccharomyces yeasts in red and white grape must: a targeted approach [J]. LWT-Food Sci Technol, 2015, 64 (1): 412-422.

[37] Vidal S, Francis L, Williams P, et al. The mouth-feel properties of polysaccharides and anthocyanins in a wine like medium [J]. Food Chem, 2004, 85 (4): 519-525.

[38] Carvalho E, Mateus N, Plet B, et al. Influence of wine pectic polysaccharides on the interactions between condensed tannins and salivary proteins [J]. J Agric Food Chem, 2006, 54 (23): 8936-8944.

[39] Chalier P, Angot B, Delteil D, et al. Interactions between aroma compounds and whole mannoprotein isolated from Saccharomyces cerevisiae strains [J]. Food Chem, 2007, 100 (1): 22-30.

[40] Juega M, Nunez Y P, Carrascosa A V, et al. Influence of yeast mannoproteins in the aroma improvement of white wines [J]. J Food Sci, 2012, 77 (8): M499-504.

[41] Domizio P, Liu Y, Bisson LF, et al. Cell wall polysaccharides released during the alcoholic fermentation by *Schizosaccharomyces* pombe and *S. japonicus*: quantification and characterization [J]. Food Microbiol, 2017 (61): 136-149.

[42] Hufnagel J C, Hofmann T. Quantitative reconstruction of the nonvolatile senso-

metabolome of a red wine [J]. J Agric Food Chem, 2008, 56 (19): 9190-9199.

[43] Polizzotto G, Barone E, Ponticello G, et al. Isolation, identification and oenological characterization of non-Saccharomyces yeasts in a Mediterranean island [J]. Lett Appl Microbiol, 2016, 63 (2): 131-138.

[44] Romani C, Domizio P, Lencioni L, et al. Polysaccharides and glycerol production by non-Saccharomyces wine yeasts in mixed fermentation [J]. Quad Vitic Enol Univ Torino, 2010 (31): 185-189.

[45] Robinson H A, Pinharanda A, Bensasso A. Summer temperature can predict the distribution of wild yeast populations [J]. Ecol Evol, 2016, 6 (4): 1236-1250.

[46] Frost R, Quinones I, Veldhuizen M, et al. What can the brain teach us about winemaking? An fMRI study of alcohol level preferences [J]. PLoS One, 2015, 10 (3): e0119220.

[47] Ciani M, Comitini F. Yeast interactions in multi-starter wine fermentation [J]. Curr Opin Food Sci, 2015, 1 (1): 1-6.

[48] Barata A, Malfeito-Ferreira M, Loureiro V. Changes in sour rotten grape berry microbiota during ripening and wine fermentation [J]. Int J Food Microbiol, 2012, 154 (3): 152-161.

[49] Ribéreau-Gayon P, Dubourdieu D, Donèche B, et al. Handbook of enology [M]. The microbiology of wine and vinifications, Wiley, 2006b, vol 1.

[50] Ribéreau-Gayon P, Glories Y, Maujean A, et al. Handbook of enology [M]. The chemistry of wine stabilization and treatment, Wiley, 2006b, vol 2.

[51] Lonvaud-Funel A, Joyeux A, Desens C. Inhibition of malolactic fermentation of wines by products of yeast metabolism [J]. J Sci Food Agric, 1988, 44 (2): 183-191.

[52] Blom H, Mørtvedt C. Anti-microbial substances produced by food associated micro-organisms [J]. Biochem Soc Trans, 1991, 19 (3): 694-698.

[53] Du Toit M, Engelbrecht L, Lerm E, et al. *Lactobacillus*: the next generation of malolactic fermentation starter cultures-an overview [J]. Food Bioprocess Technol, 2011 (4): 876-906.

[54] Dündar H, Salih B, Bozovglu F. Purification and characterization of a bacteriocin

from an oenological strain of *Leuconostoc* mesenteroides subsp. cremoris [J]. Prep Biochem Biotechnol, 2016, 46 (4): 354-359.

[55] Rammelberg M, Radler F. Antibacterial polypeptides of *Lactobacillus* species [J]. J Appl Bacteriol, 1990, 69 (2): 177-184.

[56] Mayra-Makinen A, Bigret M. Industrial use and production of lactic acid bacteria [C]. Lactic acid bacteria: microbiological and functional aspects, New York, 2004, 175-198.

[57] González A, Hierro N, Poblet M, et al. Application of molecular methods to demonstrate species and strain evolution of acetic acid bacteria population during wine production [J]. Int J Food Microbiol, 2005, 102 (3): 295-304.

[58] Fleet G H. Wine [C]. Food microbiology fundamentals and frontiers, Washington DC, 2001, 267-288.

[59] Deppenmeier U, Hoffmeister M, Prust C. Biochemistry and biotechnological applications of Gluconobacter strains [J]. Appl Microbiol Biotechnol, 2002, 60 (3): 233-242.

[60] Renouf V, Claisse O, Lonvaud-Funel A. Understanding the microbial ecosystem on the grape berry surface through numeration and identification of yeast and bacteria [J]. Aust J Grape Wine Res, 2005, 11 (3): 316-327.

[61] Prieto C, Jara C, Mas A, et al. Application of molecular methods for analysing the distribution and diversity of acetic acid bacteria in Chilean vineyards [J]. Int J Food Microbiol, 2007, 115 (3): 348-355.

[62] Du Toit W J, Lambrechts M G. The enumeration and identification of acetic acid bacteria from South African red wine fermentations [J]. Int J Food Microbiol, 2002, 74 (1-2): 57-64.

[63] Barbe J C, De Revel G, Joyeux A, et al. Role of botrytized grape micro-organisms in SO_2 binding phenomena [J]. J Appl Microbiol, 2002, 90 (1): 34-42.

[64] Grossman M K, Becker R. Investigations on bacterial inhibition of wine fermentation [J]. Kellerwirtschaf, 1984 (10): 272-275.

[65] Joyeux A, Lafon Lafourcade S, Ribereau-Gayon P. Evolution of acetic acid bacteria during fermentation and storage of wine [J]. Appl Environ Microbiol, 1984a,

48 (1): 153-156.

[66] Drysdale G S, Fleet G H. Acetic acid bacteria in winemaking: a review [J]. Am J Enol Vitic, 1988, 39 (2): 143-154.

[67] Gonzalez A, Hierro N, Poblet M, et al. Application of molecular methods for the differentiation of acetic acid bacteria in a red wine fermentation [J]. J Appl Microbiol, 2004, 96 (4): 853-860.

[68] Silva L R, Cleenwerck I, Rivas R, et al. Acetobacter *oeni* sp. nov. , isolated from spoiled red wine [J]. Int J System Evol Microbiol, 2006, 56 (1): 21-24.

[69] Du Toit W J, Pretorius I J, Lonvaud Funel A. The effect of sulphur dioxide and oxygen on the viability and culturability of a strain of Acetobacter pasteurianus and a strain of *Brettanomyces bruxellensis* isolated from wine [J]. J Appl Microbiol, 2005, 98 (4): 862-871.

[70] Millet V, Lonvaud Funel A. The viable but non-culturable state of wine microorganisms during storage [J]. Lett Appl Microbiol, 2000 (30): 126-141.

[71] Bartowsky E J, Xia D, Gibson R L, et al. Spoliage of bottled red wine by acetic acid bacteria [J]. Lett Appl Microbiol, 2003, 36 (5): 307-314.

[72] Sabel A, Martens S, Petri A, et al. Wickerhamomyces anomalus AS1: a new strain with potential to improve wine aroma [J]. Ann Microbiol, 2014, 64 (2): 483-491.

[73] Schwentke J, Sabel A, Petri A, et al. The yeast Wickerhamomyces anomalus AS1 secretes a multifunctional exo-ß-1, 3-glucanase with implications for winemaking [J]. Yeast, 2014, 31 (9): 349-359.

[74] Szopinska A, Christ E, Planchon S, et al. Stuck at work? Quanti-tative proteomics of environmental wine yeast strains reveals the natural mechanism of overcoming stuck fermentation [J]. Proteomics, 2016, 16 (4): 593-608.

[75] Berthels N J, Cordero Otero R R, Bauer F F, et al. Discrepancy in glucose and fructose utilisation during fermentation by Saccharomyces cerevisiae wine yeast strains [J]. FEMS Yeast Res, 2004, 4 (7): 683-689.

[76] Rolland F, Winderickx J, Thevelein J M. Glucose-sensing mechanisms in eukaryotic cells [J]. Trends Biochem Sci, 2001, 26 (5): 310-317.

[77] Brice C, Sanchez I, Tesniere C, et al. Assessing the mechanisms responsible for differences between nitrogen requirements of *Saccharomyces cerevisiae* wine yeasts in alco – holic fermentation [J]. Appl Environ Microbiol, 2014, 80 (4): 1330–1339.

[78] Bauer F F, Pretorius I S. Yeast stress response and fermentation efficiency: how to survive the making of wine [J]. S Afr J Enol Vitic, 2000 (21): 27–51.

[79] Bisson L F, Fraenkel D G. Involvement of kinases in glucose and fructose uptake by *Saccharomyces cerevisiae* [J]. Proc Natl Acad Sci USA , 1983 (80): 1730–1734.

[80] Bisson L F. Stuck and sluggish fermentations [J]. Am J Enol Vitic, 1999, 50 (1): 107–119.

[81] Berthels N J, Cordero Otero R R, Bauer F F, et al. Correlation between glucose/fructose discrepancy and hexokinase kinetic properties in different *Saccharomyces cerevisiae* wine yeast strains [J]. Appl Microbiol Biotechnol, 2008, 77 (5): 1083–1091.

[82] Bisson L F, Fan Q, Walker G A. Sugar and glycerol transport in Saccharomyces cerevisiae [J]. Adv Exp Med Biol, 2016 (892): 125–168.

[83] Reifenberger E, Boles E, Ciriacy M. Kinetic characterization of individual hexose trans–porters of *Saccharomyces cerevisiae* and their relation to the triggering mecha-nisms of glucose repression [J]. Eur J Biochem, 1997, 245 (2): 324–333.

[84] Ozcan S, Johnston M. Function and regulation of yeast hexose transporters [J]. Microbiol Mol Biol Rev, 1999, 63 (3): 554–569.

[85] Perez M, Luyten K, Michel R, et al. Analysis of *Saccharomyces cerevisiae* hexose carrier expression during wine fermentation: both low–and high–affinity Hxt trans-porters are expressed [J]. FEMS Yeast Res, 2005, 5 (4–5): 351–361.

[86] Luyten K, Riou C, Blondin B. The hexose transporters of *Saccharomyces cerevisiae* play different roles during enological fermentation [J]. Yeast, 2002, 19 (8): 713–726.

[87] Kim D, Song J Y, Hahn J S. Improvement of glucose uptake rate and production of target chemicals by overexpressing hexose transporters and transcriptional activator Gcr1 in *Saccharomyces cerevisiae* [J]. Appl Environ Microbiol, 2005, 81 (24):

8392-8401.

[88] Rossi G, Sauer M, Porro D, et al. Effect of HXT1 and HXT7 hexose transporter overexpression on wild-type and lactic acid producing Saccharomyces cerevisiae cells [J]. Microb Cell Fact, 2010 (9): 15.

[89] Borneman A R, Pretorius I S, Chambers P J. Comparative genomics: a revolutionary tool for wine yeast strain development [J]. Curr Opin Biotechnol, 2013, 24 (4): 192-199.

[90] Galeote V, Novo M, Salema-Oom M, et al. FSY1, a horizontally transferred gene in the Saccharomyces cerevisiae EC1118 wine yeast strain, encodes a high-affinity fructose/H^+ symporter [J]. Microbiology, 2010, 156 (12): 3754-3761.

[91] Zuchowska M, Jaenicke E, Konig H, et al. Allelic variants of hexose transporter Hxt3p and hexokinases Hxk1p/Hxk2p in strains of Saccharomyces cerevisiae and interspecies hybrids [J]. Yeast, 2015, 32 (11): 657-669.

[92] Peter Smits H, Hauf J, Muller S, et al. Simultaneous overexpression of enzymes of the lower part of glycolysis can enhance the fermentative capacity of *Saccharomyces cerevisiae* [J]. Yeast, 2000, 16 (14): 1325-1334.

[93] Schaaff I, Heinisch J, Zimmermann F K. Overproduction of glycolytic enzymes in yeast [J]. Yeast, 1989, 5 (4): 285-290.

[94] Entian K D, Barnett J A. Regulation of sugar utilization by *Saccharomyces cerevisiae* [J]. Trends Biochem Sci, 1992, 17 (12): 506-510.

[95] Moreno F, Ahuatzi D, Riera A, et al. Glucose sensing through the Hxk2-dependent signalling pathway [J]. Biochem Soc Trans, 2005, 33 (1): 265-268.

[96] Rossignol T, Dulau L, Julien A, et al. Genome-wide monitoring of wine yeast gene expression during alcoholic fermentation [J]. Yeast, 2003, 20 (16): 1369-1385.

[97] Golbik R, Naumann M, Otto A, et al. Regulation of phosphotransferase activity of hexokinase 2 from *Saccharomyces cerevisiae* by modification at serine-14 [J]. Biochemistry, 2002, 40 (4): 1083-1090.

[98] Xu Y F, Zhao X, Glass D S, et al. Regulation of yeast pyruvate kinase by ultrasensitive allostery independent of phosphorylation [J]. Mol Cell, 2012, 48 (1):

52-62.

[99] Schmitt H D, Zimmermann F K. Genetic analysis of the pyruvate decarboxylase reaction in yeast glycolysis [J]. J Bacteriol, 1982 (151): 1146-1152.

[100] Ciriacy M. Genetics of alcohol dehydrogenase in *Saccharomyces cerevisiae*. Ⅱ. Two loci controlling synthesis of the glucose-repressible ADH Ⅱ [J]. Mol Gen Genet, 1975, 138 (2): 157-164.

[101] Rossignol T, Postaire O, Storai J, et al. Analysis of the genomic response of a wine yeast to rehydration and inoculation [J]. Appl Microbiol Biotechnol, 2006, 71 (5): 699-712.

[102] Santangelo G M. Glucose signaling in Saccharomyces cerevisiae [J]. Microbiol Mol Biol Rev, 2006, 70 (1): 253-282.

[103] Orozco H, Matallana E, Aranda A. Wine yeast sirtuins and Gcn5p control aging and metabolism in a natural growth medium [J]. Mech Ageing Dev, 2012, 133 (5): 348-358.

[104] Hohmann S. An integrated view on a eukaryotic osmoregulation system [J]. Curr Genet, 2015 (61): 373-382.

[105] Curiel J A, Salvado Z, Tronchoni J, et al. Identification of target genes to control acetate yield during aerobic fermentation with *Saccharomyces cerevisiae* [J]. Microb Cell Fact, 2016, 15 (1): 156.

[106] Rodas A M, Ferrer S, Pardo I. Polyphasic study of wine *Lactobacillus* strains: taxonomic implications [J]. Int J Syst Evol Microbiol, 2005, 55 (1): 197-207.

[107] Mayer K. Nachteilige Auswirkungen aufdie Weinqualitat beingunstig verlaufendem biologischen Saureabbau [J]. Schweiz Z Obst Weinbau, 1974 (110): 385-391.

[108] Tonon T, Lonvaud-Funel A. Metabolism of arginine and its positive effect on growth and revival of *Oenococcus oeni* [J]. J Appl Microbiol, 2000, 89 (3): 526-531.

[109] Tonon T, Bourdineaud J P, Lonvaud-Funel A. The arcABC gene cluster encoding the arginine deiminase pathway of Oenococcus oeni, and arginine induction

of a CRP-like gene [J]. Res Microbiol, 2001, 152 (7): 653-661.

[110] Radler F, Brohl K. The metabolism of several carboxylic acids by lactic acid bacteria [J]. Z Lebensm Unters Forsch, 1984 (179): 228-231.

[111] Stolz P, Vogel R F, Hammes W P. Utilization of electron acceptors by *lactobacilli* isolated from sour dough [J]. Z Lebensm Unters Forsch, 1995 (201): 402-410.

[112] Caspritz G, Radler F. Malolactic enzyme of Lactobacillus plantarum [J]. J Biol Chem, 1983 (258): 4907-4910.

[113] Salema M, Lolkema J S, San Romao M V, et al. The proton motive force generated in *Leuconostoc oenos* by L-malate fermentation [J]. J Bacteriol, 1996, 178 (11): 3127-3132.

[114] Pilone G J, Kunkee R E. Stimulatory effect of malo-lactic fermentation on the growth rate of *Leuconostoc oenos* [J]. Appl Environ Microbiol, 1976, 32 (3): 405-408.

[115] Coucheney F, Desroche N, Bou M, et al. A new approach for selection of *Oenococcus oeni* strains in order to produce malolactic starters [J]. Int J Food Microbiol, 2005, 105 (3): 463-470.

[116] Mills D A, Rawsthorne H, Parker C, et al. Genomic analysis of *Oenococcus oeni* PSU-1 and its relevance to winemaking [J]. FEMS Microbiol Rev, 2005, 29 (3): 465-475.

[117] Moreno-Arribas M V, Polo M C. Winemaking biochemistry and microbiology: current knowledge and future trends [J]. Crit Rev Food Sci Nutr, 2005, 45 (906): 265-286.

[118] Drinan DF, Tobin S, Cogan T M. Citric acid metabolism in hetero-and homofermentative lactic acid bacteria [J]. Appl Environ Microbiol, 1976, 31 (4): 481-486.

[119] Starrenburg M J, Hugenholtz J. Citrate fermentation by *Lactococcus* and *Leuconostoc* spp [J]. Appl Environ Microbiol, 1991, 57 (12): 3535-3540.

[120] Hache C, Cachon R, Wache Y, et al. Influence of lactose-citrate co-metabolism on the differences of growth and energetics in *Leuconostoc lactis*, *Leuconostoc*

mesenteroides spp. mesenteroides and *Leuconostoc mesenteroides* ssp. cremoris [J]. Syst Appl Microbiol, 1999 (22): 507-513.

[121] Marty-Teysset C, Posthuma C, Lolkema J S, et al. Proton motive force generation by citrolactic fermentation in Leuconostoc mesenteroides [J]. J Bacteriol, 1996, 178 (8): 2178-2185.

[122] Sender P D, Martin M G, Peiru S, et al. Characterization of an oxaloacetate decarboxylase that belongs to the malic enzyme family [J]. FEBS Lett, 2004, 570 (1-3): 17-22.

[123] Ramos A, Poolman B, Santos H, et al. Uniport of anionic citrate and proton consumption in citrate metabolism generates a proton motive force in Leuconostoc oenos [J]. J Bacteriol, 1994 (176): 4899-4905.

[124] Salou P, Loubiere P, Pareilleux A. Growth and energetics of *Leuconostoc oenos* during cometabolism of glucose with citrate or fructose [J]. Appl Environ Microbiol, 1994, 60 (5): 1459-1466.

[125] Konings W N. The cell membrane and the struggle for life of lactic acid bacteria [J]. Antonie Van Leeuwenhoek, 2002 (82): 3-27.

[126] Nielsen J C, Richelieu M. Control of flavour development in wine during and after malolactic fermentation by *Oenococcus oeni* [J]. Appl Environ Microbiol, 1999, 65 (2): 740-745.

[127] Schmitt P, Vasseur C, Palip V, et al. (1997) Diacetyl and acetoin production from the co-metabolism of citrate and xylose by *Leuconostoc mesenteroides* subsp. mesenteroides [J]. Appl Microbiol Biotechnol, 1997, 47 (6): 715-718.

[128] Bartowsky F J, Henschke P A. The 'buttery' attribute of wine-diacetyl-desirability, spoilage and beyond [J]. Int J Food Microbiol, 2004, 96 (3): 235-252.

[129] Wagner N, Tran Q H, Richter H, et al. Pyruvate fermentation by *Oenococcus oeni* and *Leuconostoc mesenteroides* and role of pyruvate dehydrogenase in anaerobic fermentation [J]. Appl Environ Microbiol, 2005, 71 (9): 4966-4971.

[130] Kemsawasd V, Viana T, Ardö Y, et al. Influence of nitrogen sources on growth and fermentation performance of different wine yeast species during alcoholic fermentation [J]. Appl Microbiol Biotechnol, 2015 (99): 10191-10207.

[131] Remize F, Gaudin A, Kong Y, et al. *Oenococcus oeni* preference for peptides: qualitative and quantitative analysis of nitrogen assimilation [J]. Arch Microbiol, 2006, 185 (6): 459-469.

[132] Silla Santos M H. Biogenic amines: their importance in foods [J]. Int J Food Microbiol, 1996 (29): 213-231.

[133] Alvarez M A, Moreno-Arribas M V. The problem of biogenic amines in fermented foods and the use of potential biogenic amine-degrading microorganisms as a solution [J]. Trends Food Sci Technol, 2014, 39 (2): 146-155.

[134] Bauza T, Blaise A, Daumas F, et al. Determination of biogenic amines and their precursor amino acids in wines of the Vallee du Rhone by high-performance liquid chromatography with precolumn derivatisation and fluorimetric detection [J]. J Chromatogr A, 1995 (707): 373-379.

[135] Lehtonen P. Determination of amines and amino acids in wine: a review [J]. Am J Enol Vitic, 1996, 47 (2): 127-133.

[136] Agudelo-Romero P, Bortolloti C, Salomé Pais M, et al. Study of polyamines during grape ripening indicate an important role of polyamine catabolism [J]. Plant Physiol Biochem, 2013 (67): 105-119.

[137] Marcobal A, Martín-Álvarez P J, et al. Formation of biogenic amines throughout the industrial manufacture of red wine [J]. J Food Prot, 2006 (69): 397-404.

[138] Coton M, Romano A, Spano G, et al. Occurrence of biogenic amine-forming lactic acid bacteria in wine and cider [J]. Food Microbiol, 2010 (27): 1078-1085.

[139] Landete J M, Ferrer S, Pardo I. Which lactic acid bacteria are responsible for histamine production in wine? [J]. J Appl Microbiol, 2005a (99): 580-586.

[140] Lucas P M, Claisse O, Lonvaud-Funel A. High Frequency of histamine-producing bacteria in the enological environment and instability of the histidine decarboxylase production phenotype [J]. Appl Environ Microbiol, 2008a, 74 (3): 811-817.

[141] Costantini A, Cersosimo M, del Prete V, et al. Production of biogenic amine by lactic acid bacteria, screening by PCR, thin layer chromatography, and high-

performance liquid chromatography of strains isolated from wine and must [J]. J Food Prot, 2006, 69 (2): 391-396.

[142] Lonvaud-Funel A. Biogenic amines in wines: role of lactic acid bacteria [J]. FEMS Microbiol Rev, 2001, 199 (1): 9-13.

[143] Moreno-Arribas M V, Torlois S, Joyeux A, et al. Isolation, properties and behaviour of tyramine-producing lactic acid bacteria from wine [J]. J Appl Microbiol, 2000, 88 (4): 584-593.

[144] Gardini F, Zaccarelli A, Belletti N, et al. Factors influencing biogenic amine production by a strain of *Oenococcus oeni* in a model system [J]. Food Control, 2005, 16 (7): 609-616.

[145] Moreno-Arribas M V, Polo M C, Jorganes F, et al. Screening of biogenic amine production by lactic acid bacteria isolated from grape must and wine [J]. Int J Food Microbiol, 2003, 84 (1): 117-123.

[146] Guerrini S, Mangani S, Granchi L, et al. Biogenic amine production by *Oenococcus oeni* [J]. Curr Microbiol, 2002 (44): 374-378.

[147] Arena M E, Manca de Nadra M C. Biogenic amine production by *Lactobacillus* [J]. J Appl Microbiol, 2001, 90 (2): 158-162.

[148] Cherest H, Davidian J-C, Thomas D, et al. Molecular characterization of two high affinity sulphate transporters in *Saccharomyces cerevisiae* [J]. Genetics, 1997, 145 (3): 627-635.

[149] Thomas D, Surdin-Kerjan Y. Metabolism of sulphur amino acids in *Saccharomyces cerevisiae* [J]. Microbiol Mol Biol Rev, 1997, 61 (4): 503-532.

[150] Surdin-Kerjan Y. Foreword (Ⅰ): sulfur metabolism [C]. Regulation, interaction and signaling, Backhuys, Leiden, 2003: 13-18.

[151] Suzzi G, Romano P, Zambonelli C. *Saccharomyces* strain selection in minimizing SO_2 requirement during vinification [J]. Am J Enol Vitic, 1985, 36 (3): 199-202.

[152] Pretorius I S. Tailoring wine yeast for the new millennium: novel approaches to the ancient art of winemaking [J]. Yeast, 2000, 16 (8): 675-729.

[153] Rauhut D. Yeasts production of sulphur compounds [C]. Wine microbiology and biochemistry, Harwood Academic, 1993, 183-223.

[154] Bakalinsky A T. Sulfites, wine and health [C]. American society for Enology and Viticulture, Davis, 1996, 35-42.

[155] Larsen J T, Nielsen J C, Kramp B, et al. Impact of different strains of *Saccharomyces cerevisiae* on malolactic fermentation by *Oenococcus oeni* [J]. Am J Enol Vitic, 2003, 54 (4): 246-251.

[156] Penninckx M J. An overview on glutathione in *Saccharomyces* versus non-conventional yeasts [J]. FEMS Yeast Res, 2002, 2 (3): 295-305.

[157] Elskens M T, Jaspers C H, Penninckx M J. Glutathione as an endogenous sulphur source in the yeast *Saccharomyces cerevisiae* [J]. J Gen Microbiol, 1991, 137 (3): 637-644.

[158] Cheynier V, Souquet J M, Moutounet M. Glutathione content and glutathione to hydroxycinnamic acid ratio in Vitis vinifera grapes and musts [J]. Am J Enol Vitic, 1989, 40 (4): 320-324.

[159] Dubourdieu D, Lavigne-Cruege. The role of glutathione on the aromatic evolution of dry white wine [J]. VINIDEA. NET Wine Internet Technical Journal, 2004, (2): 1-9.

[160] Lavigne V, Pons A, Dubourdieu D. Assay of glutathione in must and wines using capillary electrophoresis and laser-induced fluorescence detection. changes in concentration in dry white wines during alcoholic fermentation and aging [J]. J Chromatogr A, 2007, 1139 (1): 130-135.

[161] Augustyn O P H, Rapp A, van Wyk C J. Some volatile aroma components of *Vitis vinifera* L. cv. Sauvignon blanc [J]. S Afr Enol Vitic, 1982, 3 (2): 53-59.

[162] Marais J. Sauvignon blanc cultivar aroma - A review [J]. S Afr J Enol Vitic, 1994, 15 (2): 41-45.

[163] Swiegers J H, Bartowsky E J, Henschke P A, et al. Yeast and bacteria modulation of wine aroma and flavour [J]. Aust J Grape Wine Res, 2005, 11 (2): 139-173.

[164] Dols-Lafargue M, Gindreau E, Le Marrec C, et al. Changes in red wine polysaccharides composition induced by malolactic fermentation [J]. J Agric Food Chem, 2007, 55 (23): 9592-9599.

[165] Pielken P, Stahmann P, Sahm H. Increase in glucan formation by Botrytis cinerea and analysis of the adherent glucan [J]. Appl Microbiol Biotechnol, 1990, 33 (1): 1-6.

[166] Stahmann K P, Monschau N, Sahm H, et al. Structural properties of native and sonicated cinerean, a β (1-3) (1-6) -D-glucan produced by Botrytis cinerea [J]. Carbohydr Res, 1995, 266 (1): 115-128.

[167] Doss R P, Deisenhoter J, Krug von Nidda H A, et al. Melanin in the extracellular matrix of germlings of Botrytis cinerea [J]. Phytochemistry, 2003, 63 (6): 687-691.

[168] Llaubères R M, Richard B, Lonvaud A, et al. Structure of an exocellular β-D-glucan from Pediococcus sp, a wine lactic bacteria [J]. Carbohydr Res, 1990, 203 (1): 103-107。

[169] Ciezack G, Hazo L, Chambat G, et al. Evidence for exopolysaccharide production by Oenococcus oeni strains isolated from non-ropy wines [J]. J Appl Microbiol, 2010, 108 (2): 499-509.

[170] Walling E, Dols-Lafargue M, Lonvaud-Funel A. Glucose fermentation kinetics and exopolysaccharide production by ropy Pediococcus damnosus IOEB8801 [J]. Food Microbiol, 2005a, 22 (1): 71-78.

[171] Deutsch S M, Parayre S, Bouchoux A, et al. Contribution of surface β-glucan polysaccha-ride to physicochemical and immunomodulatory properties of *Propionibacterium freudenreichii* [J]. Appl Environ Microbiol, 2012 (78): 1765-1775.

[172] Stack H M, Kearney N, Stanton C, et al. Association of beta-glucan endogenous production with increased stress tolerance of intestinal lactobacilli [J]. Appl Environ Microbiol, 2010, 76 (2): 500-507.

[173] Dimopoulou M, Bardeau T, Ramonet P Y, et al. Exopolysaccharides produced by *Oenococcus oeni*: From genomic and phenotypic analysis to technological valorization [J]. Food Microbiol, 2016, 53 (A): 10-17.

[174] Bastard A, Coelho C, Briandet R, et al. Effect of biofilm formation by *Oenococcus oeni* on malolactic fermentation and the release of aromatic compounds in wine [J]. Front Microbiol, 2016, 7 (19): 613.

[175] Coulon J, Houle's A, Dimopoulou M, et al. Lysozyme resistance of the ropy strain Pediococcus parvulus IOEB 8801 is correlated with beta-glucan accumulation around the cell [J]. Int J Food Microbiol, 2012, 159 (1): 25-29.

[176] Bedrinana R P, Queipo A L, Valles B. Screening of enzymatic activities in non-Saccharomyces cider yeasts [J]. J Food Biochem, 2012, 36 (6): 683-689.

[177] Jolly N P, Varela C, Pretorius I S. Not your ordinary yeast: non-Saccharomyces yeasts in wine production uncovered [J]. FEMS Yeast Res, 2014, 14 (2): 215-237.

[178] Folio P, Ritt J F, Alexandre H, et al. Characterization of EprA, a major extracellular protein of *Oenococcus oeni* with protease activity [J]. Int J Food Microbiol, 2008, 127 (1-2): 26-31.

[179] Wigand P, Tenzer S, Schild H, et al. Analysis of protein composition of red wine in comparison with rosé and white wines by electrophoresis and high-pressure liquid chromatog-raphy (HPLC-MS) [J]. J Agric Food Chem, 2009 (57): 4328-4333.

[180] Deckwart M, Carstens C, Webber-Witt M, et al. Impact of wine manufacturing practice on the occurrence of fining agents with allergenic potential [M]. Food Add Contamin Part A, Chem Anal Contr Expo Risk Assess, 2014: 1805-1817.

[181] Liburdi K, Benucci I, Esti M. Lysozyme in wine: an overview of current and future applications [J]. Compr Rev Food Sci Food Saf, 2014 (13): 1062-1073.

[182] Jaeckels N, Tenzer S, Rosch A, et al. β-Glucosidase removal due to bentonite fining during winemaking [J]. Eur Food Res Technol, 2015 (241): 253-262.

[183] Zivkovic K, König H, Claus H. Wirkung von Bentonit auf die Laccase-Aktivitat in Most und Wein [J]. Deutsche Lebensmittel Rundschau, 2011 (107): 575-582.

[184] Benucci I, Esti M, Liburdi K. Effect of wine inhibitors on the proteolytic activity of papain from *Carica papaya* L. Latex [J]. Biotechnol Prog, 2015, 31 (1): 48-53.

[185] Guilloux-Benatier M, Pageault O, Feuillat M. Lysis of yeast cells by *Oenococcus enzymes* [J]. J Ind Microbiol Biotechnol, 2000, 25 (4): 193-197.

[186] Strauss M L A, Jolly N P, Lambrechts M G, et al. Screening for the production of extracellular hydrolytic enzymes by non-Saccharomyces wine yeasts [J]. J Appl Microbiol, 2001, 91 (1): 182-190.

[187] Ugliano M. Enzymes in winemaking [C]. Wine chemistry and biochemistry, New York, Springer, 2010: 103-126.

[188] Ramirez H L, Gómez Brizuela L, Úbeda Iranzo J, et al. Pectinase immobilization on a chitosan-coated chitin support [J]. J Food Process Eng, 2016, 39 (1): 97-104.

[189] Eschstruth A, Divol B. Comparative characterization of endo-polygalacturonase (Pgu1) from *Saccharomyces cerevisiae* and *Saccharomyces paradoxus* under winemaking conditions [J]. Appl Microbiol Biotechnol, 2011 (91): 623-634.

[190] Sahay S, Hamid B, Singh P, et al. Evaluation of pectinolytic activities for oenological uses from psychrotrophic yeasts [J]. Lett Appl Microbiol, 2013, 57 (2): 115-121.

[191] Styger G, Prior B, Bauer FF. Wine flavor and aroma [J]. J Ind Microbiol, 2011 (38): 1145-1159.

[192] Terrier N, Ponced-Legrand C, Cheynier V. Flavanols, flavonols and dihydroflavonols [C]. Wine chemistry and biochemistry, New York, Springer, 2010: 463-507.

[193] Hjelmeland A K, Ebeler S A. Glycosidically bound volatile aroma compounds in grapes and wine: a review [J]. Am J Enol Vitic, 2015, 66 (1): 1-11.

[194] Mateo J J, DiStefano R. Description of the beta-glucosidase activity of wine yeasts [J]. Food Microbiol, 1997, 14 (6): 583-591.

[195] Delcroix A, Gunata Z, Sapis LC, et al. Glycosidase activities of three enological yeast strains during winemaking: effect on the terpenol content of Muscat wine [J]. Am J Enol Vitic, 1994, 45 (3): 291-296.

[196] Pueyo E, Martinez-Rodriguez A, Polo M C, et al. Release of lipids during yeast autolysis in model wine [J]. J Agric Food Chem, 2000, 48 (1): 116-122.

[197] Vakhlu J, Kour A. Yeast lipases: enzyme purification, biochemical properties and gene cloning [J]. Electron J Biotechnol, 2006, 9 (1): 69-85.

[198] Pfeiffer P, Schlander M, König H. Detection and production of pyroglutamic acid ethylester in wine [J]. Deutsche Lebensmittel-Rundschau, 2007, 103 (1): 8-10.

[199] Saerens S M G, Delvaux F, Verstrepen KJ, et al. Parameters affecting ethyl ester production by Saccharomyces cerevisiae during fermentation [J]. Appl Environ Microbiol, 2008, 74 (2): 454-461.

[200] Maicas S, Gil J V, Pardo I, et al. Improvement of volatile composition of wines by controlled addition of malolactic bacteria [J]. Food Res Int, 1999, 32 (7): 491-496.

[201] Delaquis P, Cliff M, King B, et al. Effect of two commercial malolactic cultures on the chemical and sensory properties of Chancellor wines with different yeasts and fermentation temperatures [J]. Am J Enol Vitic, 2000, 51 (1): 42-48.

[202] Matthews A, Grbin P R, Jiranek V. Biochemical characterisation of the esterase activities of wine lactic bacteria [J]. Appl Microbiol Biotechnol, 2007, 77 (2): 329-337.

[203] Sumby K M, Grbin P R, Jiranek V. Microbial modulation of aromatic esters in wine: current knowledge and future prospects [J]. Food Chem, 2010, 121 (1): 1-16.

[204] Matthews A, Grimaldi A, Walker M, et al. Lactic acid bacteria as a potential source of enzymes for use in vinification [J]. Appl Environ Microbiol, 2004, 70 (10): 5715-5731.

[205] Callejon S, Sendra R, Ferrer S, et al. Identification of a novel enzymatic activity from lactic acid bacteria able to degrade biogenic amines in wine [J]. Appl Microbiol Biotechnol, 2014, 98 (1): 185-198.

[206] Callejon S, Sendra R, Ferrer S, et al. Cloning and characterization of a new laccase from Lactobacillus plantarum J16 CECT 8944 catalyzing biogenic amine degradation [J]. Appl Microbiol Biotechnol, 2016, 100 (7): 3113-3312.

[207] Yao J, Guo G S, Ren G H, et al. Production, characterization and applications of tannase [J]. J Mol Catal B Enzym, 2014 (101): 137-147.

[208] Vaquero I, Macrobal A , Munoz R. Tannase activity by lactic bacteria isolated from grape must and wine [J]. Int J Food Microbiol, 2004, 96 (2): 199-204.

第四章　葡萄酒酿造与过程控制

世界各地生产葡萄酒的风格和质量具有多样性，葡萄酒爱好者可以有更广泛的选择。消费者的爱好不断变化，使葡萄酒的风格、价值和品质也随之变化。在20世纪80年代，保加利亚的红酒很受欢迎，德国在白葡萄酒销量排行榜上排名第一，澳大利亚葡萄酒几乎闻所未闻。而到2005年，澳大利亚葡萄酒在英国葡萄酒市场上的销量和价值占据首位。尽管在2015年销量下滑了17%，但澳大利亚葡萄酒在英国仍然处于领先地位。消费者喜好的变化取决于葡萄酒生产者控制葡萄酒生产过程的能力。在过去几年里，葡萄酒生产者整合葡萄酒生产技术，并制定了适合本土葡萄酒的生产标准。在葡萄酒生产时，有两个不同的阶段：葡萄种植阶段（葡萄栽培）和将葡萄转化为葡萄酒阶段（葡萄酒酿造）。在葡萄酒生产过程中，许多工作人员只参与其中一个阶段，有些种植者不酿酒，而是把葡萄卖给葡萄酒生产者；还有一些葡萄酒生产者没有葡萄园，或者没有足够的葡萄园来满足他们的葡萄需求，要从大大小小的多个葡萄园购买葡萄。两个阶段分开导致了葡萄酒的品质存在不确定性。因此，需要葡萄园和酿酒厂协同控制种植、采收、压榨、浸渍、发酵和陈酿等过程，共同酿造出风格和质量都非常优秀的各类葡萄酒。

第一节　葡萄酒酿造基本工艺

一、压榨

在葡萄酒行业中，葡萄压榨过程是直接影响葡萄酒质量的关键操作之一。在红葡萄酒酿造中，压榨可以在发酵结束时或发酵结束后使用，从葡萄果实或皮渣中提取汁液；而在白葡萄酒酿造中，压榨是在发酵前使用的。对于白葡萄酒来说，在压榨之前，葡萄最初可能会被轻微压榨或完全压榨。整串葡萄可以直接进入压榨机，葡萄梗会使酚类物质含量降低。根据葡萄原料品种和处理方式不同，采用不同类型的压榨机，分为连续压榨机或间歇压榨机。压榨效率受压制装置的特定类型、影响成型材料稠度的各种特性、预压实过程（压碎、浸渍）、模具厚度和压制循环次数的影响。

红葡萄酒可以添加酶类协助压榨提高出汁率，如果胶酶。压榨过程中加入酶后，轻轻按压就可以得到更多的果汁，释放更多的营养和风味成分，如糖、酸、多糖、多酚和萜类化合物等。酿酒过程中低聚糖的释放取决于葡萄皮细胞壁的降解，而酶的使用可以促进这种降解。Apolinar Valiente 等研究慕合怀特葡萄酒应用酶处理，β-半乳糖苷酶和复合商业酶低聚糖（阿拉伯糖、半乳糖和鼠李糖）的含量显著提高。

二、浸渍

（一）冷浸渍

冷浸渍是红葡萄酒酿造最常见的浸渍方法。红葡萄酒的品质和风格受葡萄皮影响，葡萄皮浸渍可以显著提高色素和风味化合物提取。在低温下，葡萄皮预发酵浸渍与发酵后浸渍相比，可以酿造出更新鲜、更精致的葡萄酒。冷浸温度在4~14℃变化，持续时间短至24 h，也可长达8天。但受损或生病的葡萄并不合适冷浸渍提取，会带来有害微生物风险，所以酿酒师更喜欢压碎后立即开始酒精发酵。

（二）热浸渍

热浸渍是通过加热方式提取红葡萄酒的色素，将压碎葡萄加热至60~82℃，加热时间为20~30 min。这种方法可以破坏含有花青素和单宁葡萄细胞的液泡，迅速将色素释放到果汁中。在压榨和冷却果汁后，红葡萄酒将果皮和果汁混合后发酵，但白葡萄酒需要去皮后再发酵。热浸渍使酿造葡萄酒具有明亮的紫色和丰富的香气，但清晰度较差。

（三）闪蒸

闪蒸是一种可以最大限度地提取葡萄皮色素和单宁的浸渍方法，也能最大限度减少不需要的成分提取，例如吡嗪类中甲氧基吡嗪。但使用葡萄感染病害，同样会给葡萄酒带来植物味以及霉菌或腐烂的味道。闪蒸设备价格昂贵，所以适合产量较高葡萄酒厂或专门进行果汁压榨工厂中使用。葡萄被迅速加热至 80℃以上，然后转移到真空室中快速冷却。真空使葡萄表皮细胞从内部爆裂，在发酵前有效提取花青素和单宁。高温还会使葡萄汁释放出携带吡嗪类物质的蒸汽，使剩余的果汁稍微浓缩。但该方法不适合陈酿，也不适用于优质葡萄酒。

（四）发酵后浸渍

发酵后浸渍法是在发酵后与去皮之前进行提取色素和单宁的方法，其会将葡萄皮进行长时间的浸渍。这种方法有助于改善颜色并赋予葡萄酒更多结构，但葡萄酒口感也会非常紧实。大多数酿酒师都会缩短这一时期，尤其是不适合长时间陈酿的葡萄酒。

三、浓缩

浓缩可以提高葡萄酒的颜色、香味和单宁等风味，主要有真空浓缩装置、反渗透膜和冷冻等浓缩技术。葡萄原料尚未完全成熟或采收前下雨，导致破碎时果汁中可溶性固形物和其他营养成分被稀释，糖的含量低于葡萄酒转化酒精所需的量。一般酿酒师利用真空浓缩装置蒸发去除多余水分，从而增加糖、颜色和风味成分含量。反渗透膜（reverse osmosis membrane，RO）技术是一种可以生产出浓郁、复杂和高品质葡萄酒的浓缩技术，将微孔膜充当筛子，允许水分子通过，可以捕获较大的分子，如糖等，但一些不好的成分也会被浓缩，如单宁、酒石酸和脂肪酸。因此，酿酒师必须注意保持浓缩过程中葡萄酒结构的平衡。冷冻浓缩也是一种较好的浓缩技术，但除了加拿大生产冰酒外，其他葡萄酒很少使用。这种技术需要葡萄在 5～10℃温度下冷冻，葡萄中的水变成冰，然后压碎和压榨，使糖和其他成分浓缩。

四、氧化

氧气对葡萄酒发酵即有益又有害。在发酵过程中，葡萄酒氧化的可能性很小，而酵母生长则需要氧气；在发酵后，葡萄酒吸收少量氧气有助于产生多酚，也有助于稳定葡萄酒的颜色。

（一）过度氧化

在发酵前白葡萄酒添加大量的氧气，使黄酮和单宁被氧化产生棕色的不溶性聚合物。在发酵结束后被去除，可以减少苦味和挥发性酸味，并达到延长成品葡萄酒保质期的目的。

（二）微量氧化

微量氧化（micro-oxygenation，MOX）是指在葡萄酒中不断添加微量的氧气，以改善葡萄酒的香气、结构和质地。在苹乳发酵之前或之后进行充气，前者可能会带来更多的好处。类似葡萄酒通过橡木自然吸收氧，在木桶中成熟过程。这个过程必须小心控制，时时监测葡萄酒中溶解氧的含量，适时调整充氧速率和量。因为葡萄酒溶解氧积累，可能会增加不良气味或含硫物质。在酵母发酵后，立即将微量氧气应用于葡萄酒（第 1 阶段）或随后的陈酿过程中（第 2 阶段）；虽然大多数酿酒师在苹乳发酵过程中避免使用微量氧化，但通常无法避免，因为在第一阶段微量氧化处理过程中经常存在细菌，接种酿酒酵母显著增加了葡萄酒的耗氧量，微量氧化处理在微氧合过程中使葡萄酒中的溶解氧保持在 30 g/L 以下，有利于酵母和细菌的相互作用。因此，微量氧气有助于稳定颜色，带来水果味，丰富单宁，并降低葡萄酒中产生硫化物的风险。

五、降醇

降醇是通过清除过多酒精来提高葡萄酒品质。反渗透膜技术是一种相对便宜去除葡萄酒中过量酒精的方法；另一种方法是旋转锥蒸馏塔（Spinning cone column，SCC）技术。旋转锥蒸馏塔是一个蒸馏柱，可以进行两次蒸馏，第一次蒸馏可提取挥发性香气，第二次蒸馏可去除乙醇，提取挥发性香气被冷凝回流葡萄酒中。

六、酵母

葡萄酒发酵菌种有天然酵母和人工培养酵母，人工培养酵母包括单一或多种混合酵母菌株。东半球葡萄酒生产者喜欢使用天然酵母，尤其在红葡萄酒中，认为它们是葡萄园本土特色的一部分，有助于增强葡萄酒风格。产量高的葡萄酒生产者更喜欢选择人工培养酵母菌株。在新世界，大多数生产者认为天然酵母的使用风险太大，不容易控制发酵过程，而人工培养酵母可以根据个体特征进行选择。此部分内容详细见第三章葡萄酒菌种与发酵原理。

第二节　红葡萄酒

本节介绍红葡萄酒的工艺过程。红葡萄酒的生产可以根据葡萄酒的风格、质量和产量采取多种方法。红葡萄生产工艺包括去皮和破碎、压榨、发酵、陈酿等过程。

一、原料机械处理

原料的机械处理包括去皮、破碎等过程，其不仅会影响葡萄酒的糖、酸等主要成分的提取，香气（甲氧基吡嗪和萜类化合物）和酚类（花青素和类黄酮类化合物等）化合物也会受到显著影响。

破碎是先去掉葡萄茎防止葡萄汁出现苦味，然后轻轻地碾碎。这一操作可以用除泥机和破碎机完成。用螺旋桨状叶片采摘葡萄，其穿过葡萄园，留下茎，然后从机器中排出，也可用于葡萄园施肥。在葡萄破碎前进行挑选，去除腐烂或未成熟的水果。在破碎阶段，葡萄浆果通过一组滚筒，使果汁和果皮分离，可以调节滚筒来控制对葡萄浆果压力。最后，利用泵将果汁和果皮转移到发酵桶中。根据葡萄品种、浆果大小和成熟度，每吨葡萄获得葡萄汁和皮在650~730 L。但有些注重品质的酿酒师，仅获得550 L。对于某些葡萄酒来说，发酵需要整串葡萄，葡萄也不会全部被破坏或压碎；还有一些红葡萄酒酿造，需要加入一定比例的整串葡萄。

二、发酵液要求

（一）二氧化硫

二氧化硫是葡萄酒常用的抗氧化剂和消毒剂，在酿酒的许多阶段都会使用，以气体或焦亚硫酸钾形式使用，而在葡萄酒中只有一部分释放的二氧化硫能起到作用。为了防止过早开始发酵，可以在破碎或初始时添加二氧化硫，抑制葡萄皮上野生酵母和细菌的生长。当酒精含量达到4%时，野生酵母和细菌就会死亡。大部分酿酒师更喜欢使用人工培养酵母，可以更好地控制发酵过程以及产品品质和风味。

（二）糖

在凉爽的气候下，葡萄的糖分不足以达到葡萄酒酒精度要求，所以一般会通过在发酵早期向葡萄汁中添加蔗糖来解决。只添加最低限度的糖量，否则葡萄酒口感会失去平衡。许多国家不允许添加蔗糖，如法国葡萄酒，其酿酒师会通过浓缩葡萄汁的方式代替添加糖。提高葡萄的糖含量最好的办法是延长收获时间，从而提高葡萄的成熟度，也可以增强成熟果酒的风味和葡萄酒的颜色强度，可以减少未成熟的绿色和植物性葡萄酒的味道。然而，提高成熟度会增加糖的浓度，又会导致葡萄酒的乙醇浓度升高；高浓度的乙醇可以通过抑制香气强度来降低葡萄酒的复杂性，同时也会增加对“辣”和“苦”的感知。

（三）酸

根据生产地区和所需的葡萄酒风格，葡萄酒pH值需求有所不同。如果葡萄酒pH值过高，可以采用添加酒石酸方法进行酸化。在欧盟较冷的地区通常不允许进行酸化，但可以通过脱氧方式调整葡萄酒pH值。葡萄酒中酒石酸平均添加量相当于1.6 g/L，而大部分葡萄酒平均含量远超于此。因此，许多地区和国家都不会采用添加酒石酸方法。如果葡萄酒 pH 值过低，可能低于 pH 值 3.2，可以采用添加碳酸钙、碳酸氢钾和碳酸钾方法去酸，旨在减少酒中的酒石酸和苹果酸。而在欧盟较温暖的地区是不允许加入任何添加剂的。

（四）酵母

酿酒师可以直接利用葡萄表皮和酿酒厂环境中天然酵母进行发酵，也可以使用人工培养酵母。不同酵母都有自己的风味，尤其是产量高和历史悠久的葡萄酒厂。部分葡萄酒生产还是将天然酵母视为“风土”延伸的手段，如法国古老酒庄。酵母作为活生物体需要营养素，如碳、氮、磷、维生素等。酵母所需要氮和磷营养素来源为磷酸二铵，添加量约为 200 mg/L，以确保所有糖都被完全分解，并阻止最易分解的硫化氢的形成。因为当葡萄酒缺乏氮时，可能会导致氢、硫的产生。在发酵早期阶段，酿酒酵母需要硫胺素才能生长，并且硫胺素（维生素 B）与其他 B 族维生素一起添加，也可以帮助增加酵母种群寿命延长。

三、发酵管理和控制

（一）温度

发酵初期葡萄皮中颜色、单宁和风味被浸渍出来，而葡萄汁中糖被转化成酒精，并逐渐产生大量气泡。因此，发酵罐必须留出顶部空间，防止葡萄酒醪液溢出。发酵一直持续到糖被全部或大部分转化为酒精，最终酒精浓度为 1%~14.5% vol。葡萄酒发酵过程中自然产生热量，使温度发生变化。发酵初期可能在 20℃左右，但随着发酵进行，温度可能会上升到 30~32℃。如果温度上升到 35℃以上，酵母就会停止工作。目前，酿酒技术人员能够有效控制发酵温度。当糖浓度为 100 g/L 时，使葡萄汁温度提高 13℃，在发酵过程中，一些热量会通过发酵罐自然散发；还有一些会随着二氧化碳散发到葡萄醪液表面。

低温发酵有助于酵母菌落的生长，发酵后期会产生更多酒精，并有助于芳烃风味成分的产生。而高温发酵使所需时间缩短。因此，温度控制是一项相当复杂的工作。酿酒技术人员会将开始发酵温度控制为20℃，然后让它自然上升到30℃左右，以帮助提取风味和色素等成分。发酵后期，可以降低温度为25℃左右，以确保完全发酵。在勃艮第等地区的地下酒窖中，小发酵桶温度可以自我调节，而较大发酵桶可能需要冷却设备，如通过热交换器调节温度。不锈钢水箱通常用水或乙二醇作为冷却剂；在混凝土或木制大桶中，可以使用金属冷却管或降温板。

（二）浸渍

不同红葡萄酒品种发酵过程有所差异。有的葡萄酒发酵完成后与果皮一起浸泡，直到提取出足够的风味和单宁，浸渍时间2~28天不等。在果皮浸渍4天后，大部分颜色都会被提取出来。研究表明，不同低温浸渍时间对西拉红葡萄酒具有显著影响，长冷浸渍葡萄酒的色度值（$C*ab$）最高，明度（$L*$）和色调（hab）更低，而短时间冷浸渍色度值远远低于传统浸渍葡萄酒。因此，浸渍温度和时间对葡萄酒的颜色影响明显。

（三）除渣

除渣方式主要有倒灌和过滤。倒罐是将葡萄醪或葡萄酒从一个容器转移到另一个容器的过程，留下葡萄渣。发酵和浸渍后，液体将被输送到另一个大桶中，皮和其他固体等葡萄果渣被留在发酵罐中，将葡萄渣转移到压榨机中获得更多果汁。过滤采用过滤设备，如膜过滤、离心过滤和吸附剂过滤等。

（四）压榨

压榨会使葡萄汁中单宁和色素含量变的更高，其占果汁总量的10%~15%。葡萄果渣可以进行多次压榨，但每次压榨后，压榨的葡萄酒会变得更粗糙，所以这一过程必须采用澄清技术去除葡萄酒酒糟和沉淀物，使葡萄酒的流动性和澄清度更好。多种类型的压力机可供选择，包括篮式压力机、卧式平板压力机和气动压力机。

（五）MLF

苹果酸-乳酸发酵是由乳酸菌参与的，在酒精发酵之后进行的，因此被称为二次发酵。酵母不参与其中，主要由乳杆菌属（*Lactobacillus*）、明串珠菌属（*Leuconostoc*）和片球菌属（*Pediococcus*）细菌作用引起的转化，苹果酸转化为口感较软的乳酸。对于红葡萄酒来说，1 g 苹果酸产生 0.67 g 乳酸和 0.33 g CO_2。苹乳发酵可以通过提高温度或接种乳酸菌菌株来诱导，发酵温度提高约为 20%，SO_2 浓度减少为零。在白葡萄酒的酿造中，越来越多的酿酒师进行酒精发酵同时进行苹乳发酵，这有助于避免有害微生物生长，但需要在葡萄酒发酵完成后立即添加 SO_2。苹乳发酵过程中红葡萄酒果香也发生了显著改变，乳酸菌改变了红葡萄酒风味，如苹乳发酵使烟熏烘烤风味被唤起，水果香气标志化合物的组成变化占主导地位。

（六）调配

调配是葡萄酒生产重要环节。不同发酵桶中装有来自不同地区、葡萄园、树龄、成熟度和品种的葡萄独立发酵完成的葡萄酒，将这些不同种类葡萄酒按照一定比例进行混合，获得最终风格和质量的葡萄酒。对于高品质葡萄酒，质量较差的葡萄酒不能混入其中，只能用于低品质葡萄酒调配原料。

（七）成熟

葡萄酒在发酵后，味道可能会很刺鼻。通常需要一段时间陈酿达到成熟，在此期间会发生一些化学变化，包括单宁变得有“立体感”，柔软而不涩。然而早期的葡萄酒，单宁含量会很低，并且单宁结构具有刺激性、苦味和不平衡性。陈酿器具和时间取决于葡萄酒的风格、质量和成本等因素；陈酿器具有很多种类型，包括由不锈钢或混凝土制作的大桶和橡木制作的木桶。大多数高品质红酒都要经过一段时间木桶陈酿才能达到成熟期，一般 9~22 个月。在木桶中可以控制葡萄酒氧化程度，并吸收一些橡木中风味物质，包括木质单宁和香兰素。当酒桶装满后，会用木槌敲击去除气泡，气泡会上升到葡萄酒表面，从而去除氧气。在酒窖陈酿过程中，葡萄酒需要多次澄清，例如波尔多红葡萄酒，第一年成熟时要四次，第二年要一两次。陈酿桶中定期加入同种葡萄酒，以补充因蒸发而损失的葡萄酒。但也有认为陈酿桶已经被安全密封，加满不利用顶部空隙达到真空。陈酿过程会发生物理和化学反应，多酚类和酯类等化合物相互作用产生具

有独特特征的风味成分，使葡萄酒的口感更为饱满

第三节　白葡萄酒

一、原料机械处理

白葡萄采收后立即进行加工，以避免变质和过早发酵。在炎热的气候下，采收白葡萄后用干冰（固体二氧化碳）放在葡萄箱上，在低温下释放出二氧化碳气体有助于保护葡萄免受细菌伤害以及受损的浆果被氧化。如果白葡萄到达酿酒厂时仍很热，葡萄应该在压碎之前冷却，可以在冷却室除热。在大多数情况下，破碎之前会去茎并轻轻压碎，葡萄破碎后会在低温下与果汁短时间接触，可能是数小时甚至数天，这种处理可以增强白葡萄酒风味，但必须注意减少苦味等酚类物质浸出。众所周知，白葡萄酒酿造前期处理会影响葡萄皮化合物的提取，葡萄汁与葡萄皮的接触以及葡萄压榨过程中施加的压力会影响葡萄表皮中成分和香气释放。研究表明，长相思葡萄压榨过程中施加压力影响半胱氨酸和挥发性巯基-3-巯基己醇等关键葡萄衍生前体物质释放，它们使白葡萄酒具有百香果的香气。

用黑葡萄酿造白葡萄酒时，不会进行压榨，否则色素会渗入果汁中。白葡萄酒在发酵前会将果汁和果皮分离，可以添加提高出汁率的酶类，如果胶酶。压榨过程中可以轻轻按压，可以得到更多的果汁。压榨时要保持果核完整，避免苦味油释放。发酵过程中也不能保留葡萄皮。

二、发酵液要求

白葡萄汁从压榨机排入沉淀罐澄清，沉淀时间为 12~24 h，然后转到另一个罐中进行发酵；也可以使用离心机或过滤板加快澄清过程。蛋白质一般采用膨润土处理来去除，它是一种黏土，起到絮凝剂作用，吸引并结合细小颗粒，然后这些细颗粒从悬浮物中沉淀出来；同时，膨润土也可以

去除不理想的味道。膨润土用量要适当，过高会延缓发酵，使葡萄酒无法完成发酵。因为酵母和营养物质会附着固体物质上，去除固体物质对酵母生长不利。发酵前白葡萄汁需要使用热交换器降低温度，不仅可以防止葡萄酒早熟，还可以保持葡萄的新鲜感和风味。白葡萄汁还可以用 SO_2 处理，防止需氧酵母和腐败细菌生长。

三、发酵管理和控制

（一）发酵条件

白葡萄酒采用葡萄皮和酿酒厂中天然酵母作为发酵剂，有助于增强白葡萄酒的本土特色。白葡萄酒的发酵温度通常比红葡萄酒低，在10~20℃，减少芳香物质的挥发，保持主要的水果风味。较冷环境下需要更长的发酵时间，但会保留更多的芳香物质。每个大桶都有温度控制，有自动冷却系统。如果需要浓郁的白葡萄酒，则需要冷发酵。白葡萄酒也可以选择在橡木桶中发酵，其会赋予葡萄酒独特的橡木味；橡木桶还会提供给酵母所需的微量氧气。

（二）苹乳发酵

在酒精发酵后进行苹果酸发酵，降低酸度，增加白葡萄酒风味。一些白葡萄品种特别适合苹乳发酵，如霞多丽，赋予葡萄酒轻微的黄油味和复杂奶油味；一些白葡萄品种则以酸味为特点，如雷司令；法国卢瓦尔河谷的长相思品种酿造的桑塞尔葡萄酒，也不会进行苹乳发酵，活泼的酸味是桑塞尔葡萄酒独特的风味。

（三）老化

白葡萄酒发酵后，可以留在酒桶中，不时搅拌进行老化，可以采用搅拌棒或滚动酒桶，增加葡萄酒酵母味和奶油味。但这个操作不适合红葡萄酒，红葡萄酒含有大量单宁，而酵母细胞分解会释放出可以与单宁结合的蛋白质。老化有助于给白葡萄酒带来更柔和的口感，但会降低红葡萄酒的结构和潜力。老化还能清除氧气，所以白葡萄酒陈酿则不需要添加硫进行终止发酵。依据不同发酵时期，白葡萄酒发酵液可以分别放置架子上，分为预发酵葡萄醪液、粗葡萄醪液、第一次发酵葡萄醪液、细葡萄醪液和发酵后葡萄醪液等。但需要注意，有些白葡萄酒品种，如霞多丽，需要通过搅拌增强白葡萄酒风味的复杂性；而有些白葡萄酒品种，如雷司令，则不需要搅拌，避免把一些不理想味道唤醒。

许多白葡萄酒都储存在不锈钢罐、混凝土罐和橡木桶中，直到可以饮用为止。一定要排除氧气，桶内应该被白葡萄酒完全装满或用 N_2 和 CO_2 充满。白葡萄酒在桶内完成成熟，可能需要几个月。

第四节　起泡葡萄酒

气泡饮料是含有二氧化碳的碳酸饮料。除葡萄酒以外大部分碳酸饮料是将二氧化碳注入瓶装不同液体。优质起泡葡萄酒是葡萄酒发酵产生的天然二氧化碳，其影响成品葡萄酒的风格和质量，如泡沫状、甜味、奶油状、优雅、金黄色调。起泡葡萄酒的酿造主要分两次，第一次发酵是起泡原酒的酿造，第二次发酵是起泡基酒在密闭容器中进行的保压发酵，从而获得起泡葡萄酒所需的二氧化碳。依据第二次发酵方式的不同，起泡葡萄酒分为瓶式和罐式两种，发酵方法是决定成品起泡葡萄酒风格的关键因素。

一、瓶式发酵法（传统法）

采用瓶式发酵法酿制的起泡葡萄酒属于本类型酒中的高档产品，香槟起泡葡萄酒必用此法。其工艺过程如下：

①酵母的扩大培养。香槟酵母 20 g/100 L，用 10 倍无菌水（温度 38~40℃）溶解干酵母，静置 15 min，搅拌活化 1 h 为酵母液 A；按 3 倍于 A 的量配置营养液（香槟基酒 1/3、50%糖浆 1/3、水 1/3），温度 20℃，加入活化后的酵母液，温度保持 20℃静置 24 h，此为酵母液 B；按 6 倍于 B 的量配置培养液（基酒 60%、50%糖浆 20%、水 20%）加入 B 中酵母液，

混合均匀，温度保持在20℃，观察比重和酵母细胞数此为酵母液C；当比重达到1000时，按1.5倍于C的量加入培养液（基酒50%、50%糖浆15%），温度保持20℃，2~3天后观察发酵情况，当酵母数达到108个/mL时进罐。

②在酒罐中加入3次扩大培养后的酵母原液，添加单宁、澄清剂后，测理化指标，然后进行瓶装，瓶装酒在地下室温度为16~18℃，湿度为60%~80%，卧放码垛自然发酵2~3月，陈酿三年。

③上酒泥沉淀机15~30天，由最初的卧放，每天转动一定角度到最后倒放使酒泥全部沉淀在瓶口位置。

④最后排酒泥，先在冷冻液（-25℃）冷冻半小时，开瓶排出冻成冰块的酒泥，补充酒量每瓶酒应为750 mL，压塞、拧丝扣后可作为半成品酒，储存在恒温库。

葡萄酒可以在瓶子里进行第二次发酵，使其起泡，其有两种方式：在出售葡萄酒的瓶子里进行第二次发酵，如香槟；在地窖瓶（而不是葡萄酒酿造瓶）中进行第二次发酵，如澳大利亚起泡酒。葡萄酒的发酵取决于酵母菌株，发酵结束后，酵母将作为酒糟（死酵母细胞）沉积大桶或其他容器的底部，除非进行搅拌保持悬浮状态。而在起泡酒酿造时，必须去除酵母沉淀物，这也是如何在压力下装瓶需要解决问题。

二、罐式发酵法

罐式发酵法是为满足大批量生产的要求而采用的，其产品属中档产品，罐式发酵法是指二次发酵在密闭的发酵罐中进行的方法。其工艺过程如下：

①酵母的扩大培养（见瓶式发酵法）。

②在酒罐中加入3次扩大培养后的酵母原液，添加单宁、澄清剂后，在酒罐中进行二次发酵，发酵时间2个月。第一个10天每天上午搅拌1 h，下午搅拌1 h；第二个10天隔一天上午搅拌1 h，下午搅拌1 h；第三个10天隔两天搅拌1 h；第二个月开始一星期搅拌两次，每次1 h，测残糖在

4 g/L 以下可以停止发酵。

③停止发酵后冷冻到-1℃，保持 10 天，测理化指标，陈酿。

④下皂土倒罐，通过视镜观察沉淀情况，一个周后沉淀完全，酒体清澈，冷冻后再过滤。最后准备灌装密封。为了使葡萄酒发酵产生二氧化碳被保留，必须密封并加压。

三、发酵管理和控制

传统发酵法是英国发明的，但是在法国北部香槟地区得以完善。葡萄完全成熟之前就经过精心挑选的，为了能生产出清爽和细腻以及酸度和酒精适中的起泡葡萄酒，酿造过程要求严格把关。

（一）压榨

用于香槟等起泡酒生产的葡萄汁压榨分级的目的是分离具有不同品质和特性的葡萄汁，如总酸度、pH 值、酚含量、粗糙度、香草香气、颜色和氧化水平。一个完整的压榨周期是一系列的压力增加或减少过程，使果汁成分发生相当大的变化。研究发现，压榨果汁中获得的梅尤尼尔皮诺和霞多丽香槟基酒，从压榨循环的开始到最后一步许多烯醇都表现出强烈的差异，基酒的多糖和低聚糖的组成和浓度发生了显著变化。在压榨过程中，梅尼埃皮诺和霞多丽葡萄酒的总多糖浓度分别从 244 mg/L 降至 167 mg/L 和从 201 mg/L 降至 136 mg/L；葡萄酒低聚糖含量在 97~139 mg/L 之间变化。在压榨过程中，香槟酒主要有两种红葡萄支柱品种（黑皮诺及其相对的穆尼尔皮诺），对压榨机机型、数量、压榨次数和载量都有一定要求。压榨机装载量约为 4000 kg 葡萄，压榨出果汁最高限量——每次压榨 2500 L，相当于每 160 kg 葡萄压榨出 100 L 果汁，意味着每瓶需要近 1.5 kg 葡萄。其中压榨果汁的 80%称为初级葡萄汁；余下 20%称为次级葡萄汁，其被用于便宜香槟中。

（二）澄清

压榨出来的果汁被泵入冷冻的大桶中，使用静态方法（沉淀持续 12~24 小时）或动态方法（过滤或离心）澄清，并校正其酸和糖水平，以确保基酒的最低酒精含量为9%~10%vol，采用酒石酸或柠檬酸调节酸度，然后加入SO_2，再加入一些膨润土，进行澄清。清澈果汁对起泡酒发酵尤为重要，酿酒师正在寻找有效方法，使起泡酒酿造过程中能更为清澈，并能产生更多的香气和风味。

（三）一次发酵

大部分起泡葡萄酒的第一次发酵是在不锈钢或混凝土的大桶中进行的，少部分会在橡木桶中发酵。发酵的温度为18~20℃，温度略高可以减少不需要芳烃类物质产生。第一次发酵时间约为2周。第一次发酵结束后，酒精度为10.5% vol或11%vol，大部分会进行苹乳发酵；而少部分会阻止苹乳发酵，为了获得更多水果和新鲜的风味。

部分起泡葡萄酒发酵前还需要进行调配，其是葡萄酒追求风格和质量的关键过程。将几个不同品种的葡萄按一定比例组合进行发酵，如香槟通常由梅尼埃皮诺、黑皮诺和霞多丽组合而成。除了年份香槟外，还可以添加陈酿葡萄酒，可能会有30种或40种不同基酒混入发酵桶中。年份香槟则是由单一葡萄品种生产的，在一个葡萄园经过精细挑选一个葡萄品种进行发酵，也不添加陈酿葡萄酒。

（四）加糖

香槟区凉爽的气候使得这里种植的葡萄通常只能达到刚好成熟的程度，因而得以保持较高的酸度，为香槟带来清爽的口感。不过，在某些天气条件不够理想的年份，葡萄可能无法达到理想的成熟度，因此就需要通过加糖（chaptalisation）来提高葡萄汁的潜在酒精度，获得酒精度更高的基酒。需要注意的是，香槟区的法规规定只有潜在酒精度达到9%vol的葡萄才可以用来酿造香槟；加糖之后酿造得到的基酒酒精度则不能超过11%vol。一般加入22 g/L或24 g/L的蔗糖完成发酵，但法国地区葡萄酒生产者则更喜欢使用浓缩葡萄汁代替添加蔗糖，然后将葡萄酒装入加厚的起泡酒瓶中，瓶口密封，密封使用塑料盖或软木，其中最好香槟酒会选用传统的软木塞密封。

（五）二次发酵

起泡葡萄酒经一次发酵完成装瓶后，带入凉爽的地窖内水平放置架子上，开始进行第二次发酵。二次发酵需要将基酒、糖、酵母、酵母营养物质和澄清剂混合形成再发酵液（liqueur de tirage），其主要目的是产生气泡，所以再发酵液糖量多少取决于酿酒师希望达到的起泡程度。对于大多数香槟来说，添加再发酵液后，瓶中酒液的含糖量一般在20~24 g/L，酒精度增加了1.3%vol~1.5%vol，并产生能很好溶入葡萄酒中大量二氧化碳，使瓶子压力增加到0.5~0.6 MPa。不同温度影响二次发酵时间，可能需要14天~3个月。发酵时间越长、速度越慢、气泡越细、融合越好，最终起泡葡萄酒的质量也会越高。

（六）成熟

起泡葡萄酒在凉爽的地窖内水平放置架子完成二次发酵后，进入成熟阶段。成熟阶段是起泡葡萄酒非常重要的环节，不同种类化学成分相互作用以及酵母自溶，使起泡葡萄酒形成具有一定特色的风味。规定普通香槟最短成熟期为15个月，而年份香槟则为3年，西班牙卡瓦起泡酒至少需要9个月。通常为了防止酵母沉积物粘在玻璃瓶上，瓶子可能会被摇晃和换位置。

（七）转瓶

转瓶（法语写作“remuage”，英语写作“riddling”）是香槟传统酿造法中的一个关键环节。在成熟之后，为了让酒看起来更美丽，所有的传统起泡酒生产者都将葡萄酒中酒泥去除后才上市销售。传统的转瓶包括温和搅动和从水平位置转到垂直位置，这样就可以将瓶中一侧的酒泥移动到瓶颈处。瓶子放置在三角木制架子上，每一侧都有60个倾斜孔，瓶子几乎是水平插入，脖颈朝前放置。传统转瓶，一名熟练的工人每天都会转动瓶子（八分之一圈）并摇晃，然后将它们稍微垂直移动。转瓶使较轻的沉积物首先进入颈部，然后是较重的沉积物。用手工完成这一过程大概需要6个星期。大多数葡萄酒生产者则使用一种叫作“gyropalettes”的大型转瓶机，由多个面组成，每个面可容纳504个瓶子。在计算机的控制下，机器可以复制搅拌器运动。大型转瓶机效率非常高，完成这一过程大概需要 3 天时间。

(八) 除渣

香槟的除渣有两种方法：较为传统的手工除渣和现代化的机械除渣。

(1) 手工除渣

要先将瓶口斜向下，避免瓶口的酒泥回流至瓶内，随后用工具打开瓶盖，并在开瓶的瞬间迅速将瓶口抬起，避免在气压将酒泥冲出时损失过多的酒液。由于这一方法需要准确掌握抬起瓶口的时机，因此需要经验丰富的工人来操作。一位熟练的工人一天可以为 400 多瓶香槟进行除渣。

(2) 机械除渣

要先将酒瓶降温至 7℃左右，以增加二氧化碳在酒中的溶解度，减少开瓶时二氧化碳的损失；随后将瓶颈浸入约-27℃的盐溶液中，使瓶口的一小部分酒液和酒泥一起结冰；之后用特殊的机器打开瓶盖，让瓶内二氧化碳的压力将冻结的酒泥冲出来。机械除渣的速度比手工除渣快得多，可以达到每小时 2000～18000 瓶。因此，现在大多数的香槟都会使用机械除渣，只有对于特殊容量或瓶型的酒瓶才会采用手工除渣的方式。

关于香槟除渣的时机，不同的酒庄也有着不同的做法。有的酒庄会在酒泥陈酿之后立即进行转瓶、除渣、补液和封瓶等一系列工序，并将除渣后的香槟置于酒窖中继续陈年一段时间，以使酒液与调酒液更好地融合之后再上市；有的酒庄则会在酒泥陈酿之后，将香槟继续陈年数年甚至十几年之久，直到上市之前的几个月才进行除渣。这样的香槟一般被称为“晚除渣香槟”，可以用“R. D. (recently disgorged)”“L. D. (late disgorged)”或“D. T. (degorgement tardif)”等字母来表示。不过，关于到底多晚除渣的香槟才算是晚除渣香槟，目前还没有一个统一的规定。之所以会出现晚除渣香槟，是因为人们认为对于同一批香槟来说，较早除渣会使少量氧气进入酒中，从而加速酒的成熟，表现出更多的陈年香气和风味；而晚除渣香槟由于继续和酒泥接触，酒泥中酵母细胞抗氧化的特点也会保护酒液不受氧化，所以风格更加清爽，并且可以表现出更加浓郁、复杂的风味。不过，越晚除渣的香槟，在除渣之后的熟成速度就越快。这是因为随着陈年时间的增长，酒液对除渣时突然进入酒中的氧气就会变得越来越难以“抵抗”。因此，晚除渣的香槟通常都需要在上市之后尽快饮用。如堡林爵香槟（Champagne Bollinger）在半个多世纪之前就推出了他们的晚除渣香槟——堡林爵 R. D. 特极干型香槟（Champagne Bollinger R. D. Extra Brut，Champagne，France）。此外，凯歌香槟（Champagne Veuve Clicquot）、唐·培里侬香槟（Champagne Dom Perignon）等知名品牌旗下也都有各自的晚除渣香槟酒款。有的酒庄还会将香槟的除渣日期标注在背标上，以便消费者更好地把握这款酒的风格和饮用时间。

（九）补液

由于酵母会将再发酵液中的糖分完全消耗，因此在二次发酵结束后，香槟并没有甜味。而在经过除渣（disgorgement）之后，每个香槟酒瓶里的酒液也都会有或多或少的损耗。这时，人们就需要在酒瓶中加入调味液（liqueur d'expedition）来调整香槟的甜度，并补充在除渣过程中损失的酒液，这一过程被称为补液（dosage）。补液是香槟最后阶段，对香槟进行调糖处理，酿酒师要将一部分甜液回填到香槟中去，以此调节最终香槟酒呈现的甜度。一些香槟生产者为了保持新鲜，不喜欢在某些葡萄酒上这样做，可能被标记为无剂量或天然的。

补液是基酒与糖分的混合物，通常含糖量在 500~750 g/L。根据想要酿造的香槟风格，酿酒师可以调整加入补液的量。通过酒标上的一些术语，我们也可以了解到一款香槟的补糖量：①天然极干型（brut nature），含糖量 0~3 g/L，不进行补糖；②特极干型（extra brut），补糖量 0~6 g/L；③极干型（brut），补糖量 0~12 g/L；④特干型（extra-sec），补糖量 12~17 g/L；⑤干型（sec），补糖量 17~32 g/L；⑥半干型（demi-sec），补糖量 32~50 g/L；⑦甜型（doux），补糖量 50 g/L 以上。上文提到，酵母会在二次发酵中会将再发酵液中的糖分完全消耗。因此，补糖量也就相当于香槟最终的含糖量。而如果要酿造天然极干型香槟，则不需要在补液过程中额外添加糖分。

第五节　桃红葡萄酒

桃红葡萄酒是葡萄酒产品中一个典型的类别，它可能是已知的最古老的葡萄酒类型，这是因为历史上早期的红葡萄酒颜色并不像今天干红葡萄酒颜色那么深，而更接近于现在的桃红葡萄酒的颜色。早期葡萄酒酿造师在葡萄破碎后，经过短暂的浸渍过程，就会将皮渣与葡萄汁分开，这样得到的葡萄酒颜色较淡，果香浓郁。因此，桃红葡萄酒的历史要比其他任何类型葡萄酒久远。

一、产地和品种

桃红葡萄酒含有少量红色素，常见的颜色有桃红、粉红、玫瑰红、洋葱皮红、橙红等，花色素苷含量为 10～100 mg/L。根据法国著名酿酒师 Emile Peynaud 的观点，对桃红葡萄酒进行定义要综合考虑酒体的颜色、结构特点、香气类型和酿造工艺。桃红葡萄酒既有红葡萄酒的特点，如较突出的品种香气、少量来自葡萄皮的花色苷，又有白葡萄酒酒体清爽淡雅、果香浓郁的特性。桃红葡萄酒酿造技术与白葡萄酒类似，采用纯汁发酵。因此，桃红葡萄酒是介于干红和干白之间的一种典型的葡萄酒。

世界最大最著名的桃红葡萄酒产地是法国南部的普罗旺斯地区。普罗旺斯葡萄酒年产量的 87% 为桃红葡萄酒，而剩余红、白葡萄酒分别仅占 9% 和 4%。酿造桃红葡萄酒早已成为当地的一种传统。不同于其他地区，这里生产的桃红葡萄酒非常出名，价格也从不低于那些优质的干红葡萄酒。另外，美国加州的白仙粉黛（White Zinfandel），法国卢瓦河谷的罗斯・安茹（Rose d'Anjour）、罗讷河谷的达维（Tavel）也非常有名。

桃红葡萄酒中单宁、花色苷等多酚类物质较干红葡萄酒少，不适合长时间储存，原酒发酵完成后，陈酿时间不超过一年。如果陈酿时间过长，酒质老化，颜色加深变褐，失去了富有魅力的桃红色。同时，果香味降低，本身优美的风格就会大打折扣。

在很多著名葡萄种植区（如法国波尔多及普罗旺斯、美国纳帕河谷、智利中央山谷等）能够生产不错的红葡萄酒。但在年份不好的时候，可能会遇到葡萄成熟度不够、腐烂程度加深或出现异味的情况，酒庄的酿酒师们就考虑将葡萄酿成桃红葡萄酒，从而可减轻或避免酿造红葡萄酒时出现感官上的缺陷。在法国，桃红葡萄酒通常是干型（残糖含量小于 4 g/L）的，而在其他国家，例如美国，桃红葡萄酒中可能含有 10~20 g/L 残糖。

所有酿造红葡萄酒的原料品种都可以用于酿造桃红葡萄酒。用于生产桃红葡萄酒的原料，应该果粒丰满、色泽红艳、成熟一致、无病害，果汁的含酸量一般在 7.5 g/L 以下，含糖量在 170 g/L 以上。目前，生产桃红葡萄酒常用的葡萄品种有玫瑰香（Muscat Hamburg）、法国兰（BlueFrench）、黑比诺（Pinot Noir）、佳丽酿（Carignan）、神索（Cinsault）、玛大罗（Mataro）、阿拉蒙（Aramon）、穆尔韦德（Mourvedre）、桑娇维塞（Sangiovese）和歌海娜（Grenach）。

在酿造桃红葡萄酒时，要区别对待两种不同作用的多酚类物质：一类是花色苷，另一类是单宁。花色苷赋予了桃红葡萄酒特有的颜色，对其感官质量的提升起到重要作用；单宁则会增加桃红葡萄酒的苦涩感和生青味，对其口感产生具有破坏作用。因此，如何更好地控制这两类多酚类物质的含量及相互的比例，将成为酿造高质量桃红葡萄酒最关键的环节。

二、发酵管理和控制

酿造桃红葡萄酒的葡萄分为两种：一种是用来酿造红葡萄酒的黑葡萄类，这些葡萄颜色为深红至黑色；另一种是酿造白葡萄酒的白色葡萄类，这一类葡萄大部分是青绿色的，比如霞多丽（Chardonnay）、长相思（Sauvignon Blanc）等，但是也有小部分是红色的，比如琼瑶浆（Traminer）等。酿造桃红葡萄酒，用以上这些葡萄品种都可以实现。

(一) 压榨

普罗旺斯（Provence）和朗格多克-鲁西荣（Languedoc-Roussillon）地区多用直接压榨生产葡萄酒。这种方式在破碎和压榨葡萄上与酿造白葡萄酒的过程一样。葡萄一旦经过破碎，就会马上进行轻柔压榨释放果汁。为了防止萃取过多的色素和单宁，果汁与果皮的接触时间非常短。压榨过程完成之后，葡萄酒就会正式进入发酵环节。在所有酿造方法中，使用直接压榨法酿造出来的桃红葡萄酒的颜色是最淡的，并且散发着更加精致的芳香，带有草莓和樱桃的风味。压榨的方法对葡萄酒的质量有重要的影响。压榨中增大压力会提高酚类物质的提取量。因此，在压榨过程中不同压榨程度的压榨汁，经过选择后才与自流汁混合，最后的压榨汁都要舍弃，其具有植物的口感和较高的单宁。

压榨之后，需要添加 SO_2 对葡萄汁进行保护。同时，葡萄汁要用皂土进行澄清，特别是当葡萄感染了灰霉菌时。在澄清过程中，由于花色苷的固定作用会导致色度降低，但这会使酒更鲜亮且不易被氧化。使用小剂量（0.5~2 g/100 L）的果胶酶可以促进沉降，但在使用时不建议与膨润土一同使用。沉淀物除去的方式与白葡萄酒相同。

发酵温度保持在 20℃，同时可以通过添加氮源以及通氧改善发酵环境，保证发酵顺利完成。传统工艺为保持桃红葡萄酒的新鲜和果味，一般不进行苹果酸-乳酸发酵。但现在有的酿酒师会选择苹乳发酵让酒更加饱满。在苹乳发酵时要保持较低的温度，同时保证有足够的游离二氧化硫（20 mg/L）。为了保证苹乳发酵过程中色素物质的稳定，可以添加葡萄籽提高单宁含量（10 g/100 L）。

(二) 浸渍

浸渍法主要适合皮红肉白的葡萄原料，酿造颜色较深、酒体较饱满的桃红葡萄酒，如赤霞珠、西拉、黑比诺等属于酿制干红葡萄酒的原料。葡萄采摘后要马上破碎，连皮进行榨汁，让葡萄皮的色素在榨汁的同时融入汁里面。为了控制葡萄汁不被氧气氧化，浸渍过程要求在低温下进行，温度一般在 5℃左右，浸渍时间依葡萄原料的颜色而定。如果选用颜色很深的黑葡萄进行酿造，例如赤霞珠、西拉等，这种葡萄原料浸渍时间很短，一般为几个小时；如果选用颜色相对浅一点的黑葡萄进行酿造，例如歌海娜，葡萄破碎后浸渍的时间常常不超过 48 h。在浸渍之前，需要向葡萄果浆中添加约 50 mg/L 的 SO_2，用于护色、防止杂菌污染和果汁氧化。浸渍温度较低，一般在 5℃左右。浸渍结束后，将皮渣得到的澄清汁液用于后续的乙醇发酵，发酵温度一般不高于 20℃。

还有一种浸渍法是红白葡萄原料混合使用，例如法国香槟地区的桃红香槟，常常选用红葡萄品种黑比诺和白葡萄品种霞多丽混合酿造。一般红葡萄原料与白葡萄原料比为 1∶3，根据品种的不同可适当改变红白葡萄的比例。

（三）放血

放血法（Saignee）最初是用来生产颜色较深、单宁含量较高的陈酿型干红葡萄酒，在法国的波尔多和勃艮第产区，这种酿造方法历史悠久。在红葡萄酒发酵的过程中，为了提高红葡萄酒的陈酿能力，一般是在第 1~3 d 从发酵罐上层放掉约 10%的葡萄汁。在之后发酵过程中，葡萄皮中的多酚类物质和花色苷更多地保留在剩余的葡萄汁中，使最终酿制而成的红葡萄酒更丰富、更浓郁，而被放出来的葡萄酒再进一步发酵成桃红葡萄酒。通过这种方法酿制而成的桃红葡萄酒实际上是红葡萄酒酿制中的副产品。通过放血法酿制而成的桃红葡萄酒通常比通过浸渍法酿制而成的葡萄酒，色泽更深更浓，酸度也更高，具有一定陈年能力。

普罗旺斯北面的皮耶尔瓦赫（Pierrevert）产区所生产的桃红葡萄酒有 50%以上是采用放血法酿造的，也是唯一把这种方法合法化的产区。在法国香槟地区也有 100%采用黑比诺通过“放血法”酿造的桃红香槟，例如最著名的罗兰百悦（Laurent Perrier Rose），这款鼎鼎有名的桃红香槟一直在奥斯卡颁奖晚会中使用。因为这项工艺很难把握，经常造成酿成的桃红葡萄酒颜色不统一，在其他地区使用此方法的酒庄非常少。

（四）调配

调配法（blending）是一种常用的生产桃红葡萄酒的方法。红、白葡萄酒的调配比例根据所用葡萄原料的不同而略有不同。例如以佳丽酿为原料生产桃红葡萄酒，干白和干红的调配比例一般为 1∶1；而如果以玫瑰香为原料生产桃红葡萄酒，则比例一般为 1∶3，红葡萄酒所占的份额要大一些。

桃红葡萄酒中原料本身和发酵过程产生的香气特征物质非常丰富。通过对比波尔多桃红葡萄酒和普罗旺斯桃红葡萄酒在风味、香气上的差异，研究发现 3-巯基己醇、乙酸-3-巯基己酯和乙酸苯乙酯的含量与桃红葡萄酒的果香特征呈显著正相关，从而确证这三类物质是桃红葡萄酒果香香气的主要贡献者。桃红葡萄酒中的花色苷具有抗氧化和螯合作用，能够保护这些硫醇类物质在葡萄醪液中稳定存在。因此，良好的浸渍作用不仅可以提高桃红葡萄酒的颜色，而且能增加其果香特点。另外，如果葡萄汁与氧气接触时间过长，会有醌类化合物生成，醌类化合物能够氧化硫醇类物质而对桃红葡萄酒的香气产生影响，所以桃红葡萄酒的酿造过程要进行严格的防氧化处理。

总之，桃红葡萄酒的颜色介于白葡萄酒与红葡萄酒之间，一般来说，优质桃红葡萄酒必须具备以下特点：①果香浓郁，具有类似新鲜水果的香气；②清爽适口，单宁等多酚类物质含量不能过高，具备足够的酸度；③酒体柔和，酒度应与其他成分相平衡。

第六节　其他类型葡萄酒

甜葡萄酒入口时的芬芳、清爽、顺滑与甜蜜，令人情不自禁地陷入它所构造的曼妙奇幻的温柔之乡里。真正的甜葡萄酒绝不只是一个“甜”字就能概括的。一款高端甜酒必须含有与甜相匹配的足够的有机酸，还要有浓郁复杂的香气。如果酸度不够，甜酒就显得肥腻、单调；而如果香气平淡，则会给人一种低劣、庸俗的感觉。因此，高质量的甜葡萄酒是甜、酸与香气的完美契合，是复杂气质的自然流露，如同璞玉一般，天生丽质，再加上酿酒师的精雕细琢，才成为惊世之作。

葡萄果实在生长和成熟期间积累了一定的糖分，在酒精发酵的过程中，这些糖分在酵母的作用下转化成酒精。在没有其他因素干扰的情况下，果实中的糖分转化得越多，成酒中的残糖量就越低，酒精度则会越高。完成发酵后，酒液中的残糖量便决定了葡萄酒的甜度。这就是为什么相对于干型葡萄酒而言，大多数甜型葡萄酒的酒精度一般较低。根据酒液中的残糖量，人们将静止葡萄酒分成了四个类别：①干型（dry），≤4 g/L，酒标术语 Dry、Sec、Trocken；②半干型（medium），4~12 g/L，酒标术语 Medium Dry、Demi-Sec、Halbtrocken；③半甜型（medium sweet），12~45 g/L，酒标术语 Medium Sweet、Moelleux、Lieblich；④甜型（sweet），≥45 g/L，酒标术语 Sweet、Doux、Suss。起泡酒根据糖分含量划分见本章第四节。

一、半甜型和甜型葡萄酒

（一）半甜型葡萄酒

葡萄酒发酵结束后，可以加入少量（10%~15%）经消毒发酵的葡萄汁。廉价葡萄酒通常采用这种做法，这一技术被称为“Sussreserve”。“Sussreserve”是在发酵后将未发酵的葡萄汁（葡萄汁）添加到葡萄酒中，增加葡萄酒最终的甜度，并在某种程度上稀释了酒精。最终葡萄酒中糖含量不得超过 15%。这一技术使酿酒师能够充分发酵葡萄酒，而不必担心在所有糖分都没耗尽之前就停止发酵，同时也有助于降低酸度和保持新鲜的水果味。在发酵完成后，还需要使用亚硫酸盐来停止。

（二）甜型葡萄酒

甜型葡萄酒是甜中带点酸、风味最复杂、香气最丰富的葡萄酒类型，是能带给人快乐的葡萄酒之一。其酿造过程极为繁杂，产量也不高，因而愈发珍贵。甜葡萄酒主要分为四大类：贵腐甜葡萄酒、葡萄干甜葡萄酒、冰酒、迟摘甜葡萄酒，另外，波特酒虽为加强型葡萄酒，但由于其天然的甜度，我们也把它归为甜葡萄酒范畴。

1. 贵腐甜葡萄酒

贵腐甜葡萄酒最早起源于匈牙利的托卡伊地区，其香味是蜂蜜、杏脯风味夹杂着浓郁的花果香，由鼻入口，直至心脾；它的口感是那么的丰腴饱满，平衡的酸度让酒浓而不腻，回味绵长。

（1）贵腐菌

在大多数的葡萄园中，都有一种名为“葡萄孢菌（*Botrytis Cinerea*）”的真菌存在，这种真菌只有在特定的条件下才会成功发展成人见人爱的贵腐菌，否则会变成酒农们唯恐避之不及的灰腐菌（Grey Rot）。一方面，当贵腐菌成功侵染葡萄后，菌丝会透过果皮深入到葡萄内部，在葡萄表皮上留下上万个如排气孔般的小洞，葡萄内部的水分会透过这些小洞蒸发出去，原本水灵灵的葡萄会逐渐变得干瘪，使得糖分、酸度以及风味物质都变得十分浓缩。另一方面，由于感染了贵腐菌的葡萄通常含有一种名为苯乙醛的特殊芳香类化合物，使得用贵腐葡萄酿制的葡萄酒拥有蜂蜜、橘子酱以及生姜等贵腐风味。

（2）气候

贵腐菌可以说是贵腐酒酿造环节中至关重要的一环，是一种有益真菌，一般在潮湿的天气环境下才能生长。若葡萄园的附近存在水源且早晨较为阴凉，便容易产生雾气，从而催生出贵腐菌。贵腐菌滋生蔓延后感染成熟的葡萄果串，使其果皮变软并形成小孔。如果天气持续阴冷潮湿，贵腐菌会变成使葡萄腐烂变质的灰腐菌；而如果天气转为温暖干燥，则可以抑制贵腐菌的生长，并且加速葡萄水分的蒸发，形成能够酿造贵腐酒的葡萄。此外，贵腐菌并不能够均匀地感染每一葡萄串上的每颗葡萄，因此需要耗费大量的人力进行挑选采摘，再加上干缩的葡萄所能榨取的果汁较少，故而贵腐酒的生产成本非常昂贵。

（3）产区

最著名的贵腐甜葡萄酒三大产区是法国苏玳（Sauternes）、匈牙利的托卡伊（Tokay）和德国莱茵高（Rheingau）。

①苏玳产区位于波尔多格拉夫（Graves）南部，附近有加龙河（Garonne River）流经。每年秋天，温度较低的锡龙河（Ciron River）河水汇入较为温暖的加龙河，从而形成薄雾笼罩在清晨的葡萄园上，为贵腐菌提供了适宜的生长环境。而到了中午，太阳使得薄雾蒸发，便可以抑制贵腐菌继续生长，并加速受感染葡萄水分的蒸发。苏玳产区主要使用赛美蓉酿制贵腐甜白，但常会加入长相思以增添酸度和果香。这里出产的贵腐甜白葡萄酒通常拥有饱满的酒体与高酒精度，带有核果、柑橘类水果和柠檬、桃等香气，此外还带有一丝新橡木的气息，并且具有优良的陈酿潜力，能在陈年后发展出复杂的蜂蜜味。

②匈牙利的托卡伊产区和苏玳产区一样，在贵腐甜酒领域久负盛名，相传这里便是贵腐酒的起源之地。该产区位于喀尔巴阡山脉（Carpathians）的山麓地区，土壤类型多样，气候温和。流经此地的波多克河（Bodrog River）和蒂萨河（Tisza River）不仅调节了产区内的气候，而且有利于形成晨雾，促进贵腐菌的生成。托卡伊的贵腐酒被称为“托卡伊阿苏”（Tokaji Aszu），曾被路易十四（Louis XIV）誉为“酒中之王，王者之酒”。托卡伊阿苏贵腐酒主要由富尔民特、哈斯莱威路（Harslevelu）和萨格穆斯克塔伊（Sarga Muskotaly）三种葡萄混酿而成，按甜度以“篓（Puttonyos）”分为3~6级，通常来说，甜度等级越高，酒的香气与风味也就愈加集中浓郁。典型的托卡伊贵腐甜酒通常呈深琥珀色，酸度高且香气浓郁，带有橙皮、杏和蜂蜜的风味。

③莱茵高也是世界上知名的贵腐酒三大产区之一，该产区位于威斯巴登（Wiesbaden）和劳赫豪森（Lorchhausen）之间，地理条件得天独厚，由南往北的莱茵河在这里绕了个L形的小弯，形成了一段从东往西的河流。产区冬季温和，夏季温暖，且受到陶努斯山（Taunus Hills）森林的庇护，不会受到冬季寒风的影响，而附近莱茵河水面反射的阳光则为葡萄的成熟提供了更多的光照与热量。该产区内经常降雾，因此有助于贵腐菌的形成，在果实质量优秀的年份，莱茵高产区内便会酿造带有浆果或浆果干

风味的高质量贵腐酒。而在历史上，也正是莱茵高的约翰山修道院（Johannisberg）首次发明了晚收型葡萄酒，并发现了贵腐菌的存在，从此开启了利用特选葡萄酿制高品质葡萄酒的历程。这里出产的贵腐酒通常含有杏子酱、蜂蜜和果干的风味。

除了这三大产区，其他产区贵腐也各具特色。德国和奥地利的枯萄精选贵腐甜白葡萄酒（Beerenauslese）和逐粒枯萄精选贵腐甜白葡萄酒（Trockenbeerenauslese）就深受人们的喜爱。另外，阿尔萨斯顶级葡萄酒产区的逐粒精选贵腐甜白葡萄酒（selection de grains nobles cuvee，SGN）也广受欢迎。而得益于卢瓦尔河地区漫长的夏季，用生长在晨雾中的白诗南（Chenin Blanc）酿造的贵腐甜白葡萄酒也非常优秀，其酒香多变、结构复杂，丝毫不比甜酒法定产区的邦尼舒（Bonnezeaux）和梦路易（Montlouis）差。苏玳和巴萨克（Barsac）附近靠近内陆地区也同样出产贵腐甜酒，如卡迪拉克（Cadillac）、卢皮雅克（Loupiac）、圣十字山（Ste Croix du Mont）和索西涅克（Saussignac），只不过这些地区的贵腐甜葡萄酒价格比较便宜罢了，但酒质偶尔也还是不错的。

（4）品种

由于贵腐菌需要穿透葡萄的表皮，故而薄皮的品种更容易感染贵腐菌。常用于酿造贵腐酒的品种主要有赛美蓉（Semillon）、白诗南（Chenin Blanc）、雷司令（Riesling）、富尔民特（Furmint）和灰皮诺（Pinot Gris）。

①赛美蓉是一种糖分高且表皮薄的白葡萄品种，该品种比较容易感染贵腐菌，因此常常用于酿造贵腐甜白葡萄酒。赛美蓉在波尔多种植面积十分广，是当地两大甜酒产区——苏玳（Sauternes）产区和巴萨克（Barsac）产区酿造贵腐酒的主要品种，此外，澳大利亚的甜酒也会选用赛美蓉酿制。

②白诗南是一种薄皮白葡萄品种，酸度较高，常带有柑橘类水果、绿色水果和苹果、菠萝等热带水果的味道，此外还常伴有一些植物香气。白诗南非常适合酿造贵腐葡萄酒，安茹（Anjou）产区的莱昂丘（Coteaux du

Layon）出产的贵腐甜葡萄酒便是由 100%的白诗南酿制而成，一般会散发出蜂蜜、无花果和刺槐的香气。

③雷司令是一种有着浓郁芳香的白葡萄品种，这个品种糖分积累较慢而且能够很好地保留酸度，因此在稳定、干燥且阳光充足的环境条件下，雷司令十分适合较晚收获。雷司令很容易受贵腐菌的侵染，贵腐菌能使其糖分和酸度集中浓缩，从而酿造出甘美芬芳的甜酒，德国逐粒精选葡萄酒（Beerenauslese）和逐粒精选葡萄干葡萄酒（Trockenbeerenauslese）便是用受贵腐菌侵染的雷司令酿制的。

2. 葡萄干甜葡萄酒

葡萄干甜葡萄酒（Dried Grape Wines），在意大利中部地区被称为“圣酒”（Vin Santo），原盛行于地中海沿岸国家，相传起源于古罗马时期，随着罗马帝国的扩张，在罗马饮食文化风行之时，这种甜葡萄酒也逐渐受到人们的青睐。葡萄干甜葡萄酒的酿酒原料葡萄干可以通过两种方式获得，第一种是采用葡萄挂藤天然风干方式或人为砍断葡萄藤加速其风干的方式，如意大利“Appassimento”，其是自意大利的传统酿酒方式，意为“晾干”；第二种是采摘成熟葡萄，然后放在某些容器上风干，如稻草等风干的方式，这种方式仍盛行于环地中海地区。

（1）晒干

“晒干”方法通常用于生产浓郁、果味浓烈的葡萄酒，葡萄会在采摘后晾晒数周，以减少其水分含量，并增加果实的糖分和浓度。葡萄通常是在气候干燥，通风良好的地方，如房梁上进行风干，而酿成的葡萄酒还要在密封的小酒桶中。当地所用的这种小酒桶称为“Caratelli”，往常一般是使用板栗木制成，不过现在越来越多改用橡木制作了。这些葡萄干甜酒需在桶中陈化数年之久，随着酒的蒸发，桶中的酒量会越来越少，不过却为葡萄干甜葡萄酒增添了另一番风味。酿酒过程通常分为三个阶段：①第一个阶段晾晒。葡萄会在采摘后晾晒，在室外或专门的晾晒室中葡萄会逐渐失去水分，使糖分和其他成分浓度增加。这个过程通常需要数周时间，具体时间取决于当地的气候条件和葡萄品种。②第二个阶段是发酵。晾干后的葡萄被压碎，然后放入发酵罐中进行发酵。在这个过程中，葡萄中的糖分会被酵母转化为酒精，产生丰富的果味和复杂的口感。③最后一个阶段是陈酿。此类甜葡萄酒需要在橡木桶中陈酿，以进一步增强其口感和复杂度。这个过程通常需要数月或数年时间，具体时间取决于葡萄酒的品种和风格。常用赤霞珠（Cabernet Sauvignon）、梅洛（Merlot）、桑娇维塞（Sangiovese）、内比奥罗（Nebbiolo）等葡萄品种。这些品种通常具有丰富的果味和浓度，适合进行“晒干”酿酒过程。酿酒的葡萄酒通常具有丰富、复杂的口感和浓郁的果味，并具有高酒精度和饱满的口感，适合搭配浓郁的菜肴，如红肉、烤肉和奶酪。

（2）风干

另一种葡萄干甜葡萄酒来自法国稻草酒（Vins de Paille），顾名思义，就是用在稻草垫上风干的葡萄干酿制的葡萄酒。现在都改为在塑料托盘上风干。法国北罗讷河谷（Rhone Valley）和汝拉（Jura）产区也出产这种稻草酒，但由于这些产区的葡萄几乎完全被风干，产量极低。通常 100 kg 的葡萄只能榨取到 20 L 左右的葡萄汁，所以价格异常昂贵。

3. 冰酒

冰酒（Icewine）是一种甜型白葡萄酒。一种在气温较低时，利用在葡萄树上自然冰冻的葡萄酿造的葡萄酒。按照国家标准《冰葡萄酒》（GB/T 25504—2010）的定义，冰葡萄酒是指：将葡萄推迟采收，当自然条件下气温低于-7℃使葡萄在树枝上保持一定时间，结冰，采收，在结冰状态下压榨，发酵酿制而成的葡萄酒（在生产过程中不允许外加糖源）。

冰酒酿造技术由德国移民带入法国、加拿大、奥地利，经当地人进一步改良，酿出的酒更独特，更醇香。其品种主要有白冰葡萄酒和红冰葡萄酒。其中白冰酒颜色呈透明金黄色，红冰酒呈深宝石红色，入口有圆润、甘甜、清新的感觉，酸度饱满；沁人心脾的果香，回味悠长，有一种持久稳重的味道，是重视健康之人士必备的绿色食品。最佳的饮用温度为 4~8℃。

(1) 气候

冰酒的生产对气温要求十分严格，冰酒产区一般位于纬度较高、冬季较长、气候寒冷，但又不至于冻伤葡萄藤的地区。冰葡萄的采收时间比正常酿酒葡萄晚 2~3 个月时间，在这段时间里，冰葡萄需要适当的环境湿度，以保障其持续的自然脱水风干而不至于霉烂或过度干硬，挂在枝头的冰葡萄，不仅要经历大自然的风霜雨雪洗礼，还要遭遇到鸟兽的啄食。2 个多月后，还必须要等待一个特殊的气候条件出现才能够采收。温度在 -8℃且持续 12 h 以上。冰葡萄生长要求所在区域在春、夏、秋三季气温要足够温暖，在 12 月前后气温也要足够寒冷，且全年气候不能太过干燥，要保持适度温润。而且受气候影响，大多数产区往往要隔 3~4 年才能收获一次冰葡萄，其每年产出量非常少。每 10 kg 左右冰葡萄可压榨一瓶 375 mL 冰酒，被称为“大自然赐予的礼物”。

(2) 产区

满足以上气候条件的地区屈指可数，全世界只有德国、法国、加拿大、奥地利和中国等少数几个国家的特定地区，才有条件酿制出高品质的冰酒。除对气候的要求极为苛刻，土质也要求是以板岩为主。因此，全球只有这样主要几个国家生产冰酒。

①加拿大产区。加拿大产区冰酒无论从产量还是品质来说，都是无可争议的“冰酒之王”。加拿大冰酒的核心产区是南部的安大略省（Ontario），其中又以尼亚加拉半岛（Niagara Peninsula）出产的冰酒最具代表性，代表酒庄有知名的云岭酒庄（Inniskillin）。产自安大略省的冰酒大部分是由威代尔（Vidal）酿造的，剩余的小部分采用雷司令或品丽珠（Cabernet Franc）酿制。相比起雷司令，威代尔酿成的冰酒带有更多芒果和菠萝等热带水果的香气和风味，更显甜美浓郁。

②美国产区。美国知名的冰酒产区是位于纽约州的手指湖（Finger Lakes）产区，主要的酿酒葡萄品种包括威代尔、雷司令、霞多丽和品丽珠等，成酒带有核果和热带水果的风味。

③德国产区。德国是冰酒的起源地，冰酒叫作“Eiswein”。受气候条

件的限制，德国冰酒并非每年都能酿造，比如2006年和2011年就几乎没有冰酒出产。德国冰酒的特点在于其在清新的酸度和甜美而精致的果味之间达到了出色的平衡，而且成酒酒精度一般较低，大约为7%vol。德国名庄露森酒庄（Dr. Loosen）和伊贡米勒（Weingut Egon Muller-Scharzhof）都出产了品质不错的冰酒。

④法国产区。位于法国北部的寒冷地带，维恩和罗第山麓，是冰酒（冰霜酒）的最佳产地。法国勃艮第北部的冰酒因其制作工艺的独特性，其营养价值很高。同时，由于生产及制作工艺条件的苛刻，使它成为珍贵的冰霜酒。

（3）品种

很多葡萄品种都可以用来酿造冰酒，例如雷司令、威代尔、琼瑶浆（Gewurztraminer）、白谢瓦尔（Seyval Blanc）和霞多丽等白葡萄品种；红葡萄品种也可以用来酿造冰酒，例如品丽珠、黑皮诺、梅洛和西拉（Syrah）等。由白葡萄酿造的冰酒往往散发着蜂蜜、柑橘类水果、热带水果以及梨、杏干等核果的芳香，口感清新；由红葡萄酿造的冰酒则带有草莓和红果蜜饯的风味，散发着丝丝甜香料气息。

（4）发酵管理和控制

为了酿制冰酒，酒庄需要做足准备。在秋季葡萄成熟的时候，要用保护网罩住葡萄藤，以保护葡萄果实不被鸟类吞食。葡萄会一直留在葡萄藤上，直至室外温度达到要求后才能采收。在这段时间里，葡萄脱水，汁液浓缩，赋予了冰酒特有的复杂性。

酿造冰酒的葡萄需要在气温不高于-7℃或-8℃的低温条件下采收。因此，采摘工作通常在夜间进行。采摘后的葡萄需要迅速进行压榨，以确保压榨时葡萄还处于结冰状态。在压榨的时候，葡萄中结冰的水分会被去除，只留下高度浓缩的汁液。

压榨完成后，葡萄汁逐渐升温开始发酵，由于浓缩葡萄汁糖分含量高，不利于酵母菌的存活，发酵会提前终止。因此，成酒的酒精度相对较低，约为10%vol；而残留糖分含量则比较高，为160~220 g/L。

二、利口酒

利口酒中的酒精含量高于之前介绍过的清淡葡萄酒。事实上，它们被称为“强化葡萄酒”（Fortify wine）。这些葡萄酒中产生的酒精含量可能在15%~22%。历史上，白兰地被加入轻葡萄酒中，目的是保藏和稳定作用，尤其是在长途航海中运输的桶装葡萄酒使用。两种基本利口酒的发酵工艺：一种是葡萄酒发酵至干型葡萄酒后，酒精度被加强至17%vol，酵母死亡终止葡萄酒发酵，再加入轻型葡萄酒或葡萄汁调配不同类型利口酒，如雪利酒；另一种是在发酵过程中加入葡萄蒸馏酒，使酒精度高于酵母正常生长条件，酵母死亡终止葡萄酒发酵，其为天然甜型加强利口酒，如波特酒。

（一）雪利酒

1. 品种

雪利酒是产于西班牙西南部赫雷斯（安达卢西亚）的葡萄酒类型。这是一个相对较小的产区，坐落在面向大西洋绵延的白垩山丘上，白垩土含量达60%~80%。因此，具有很强的吸收性。根据原产地规定，雪利酒分为干型（dry）、自然甜型（naturally sweet）和加甜型风格（sweetened）。

（1）干型雪利酒

干型雪利酒可细分为5种类型，分别是菲诺雪利酒（Fino）、曼萨尼亚雪利酒（Manzanilla）、奥罗露索雪利酒（Oloroso）、阿蒙提拉多雪利酒（Amontillado）和帕罗卡特多雪利酒（Palo Cortado）。

①菲诺雪利酒和曼萨尼亚雪利酒进行生物型熟化，通常呈淡柠檬色，散发着柑橘类水果、杏仁和药草的芳香，带有酒花赋予的面包风味。这类雪利酒不会受益于瓶中陈年，因此装瓶后需尽早饮用。

②奥罗露索雪利酒只进行氧化熟化，通常呈棕色，酒体饱满，以太妃糖、香料、皮革和核桃等氧化型香气为主。经过长时间的熟化之后，奥罗露索会变得非常浓郁，并具有一定的收敛感，通过索莱拉系统混入年轻的酒液可削弱这种收敛感，使口感更为平衡。

③阿蒙提拉多雪利酒会先进行一段时间的生物型熟化，然后经氧化型熟化，酒液颜色多为琥珀色或棕色，酒体比奥罗露索轻，具有来自酵母和氧化作用的香气，能够经受与奥罗露索同样长的熟化时间。

④帕罗卡特多雪利酒是一种比较罕见的雪利酒，既拥有阿蒙提拉多的香气特征，又具有奥罗露索的浓郁度和饱满度，因此很难将它与这两者区分开来，帕罗卡特多品质较高。

（2）自然甜型雪利酒

自然甜型雪利酒全部都要氧化熟化，非常稀有，常用于酿制加甜型风格雪利酒，分为佩德罗-希梅内斯雪利酒和麝香雪利酒两种。

①佩德罗-希梅内斯常呈深棕色，糖分含量极高，能够达到500 g/L，蕴含浓郁的干果、咖啡和甘草的芳香。

②麝香雪利酒采用亚历山大麝香酿制而成，具有与佩德罗-希梅内斯相似的风格特点，但保留有葡萄品种本身的干橘皮特征。

（3）加甜型风格雪利酒

加甜型风格雪利酒可分为浅色加甜型（Pale Cream）、半甜型（Medium）和加甜型（Cream）。

①浅色加甜型雪利酒要先经过短时间的生物型熟化，之后使用精馏浓缩葡萄汁（Rectified Concentrated Grape Must，RCGM）来加甜，这类雪利酒看起来与菲诺相似，但通常不会具有酒花赋予的明显特征。

②半甜型雪利酒同时具有生物型和氧化型熟化的特点，而加甜型雪利酒仅具有氧化型熟化的特征。这两类雪利酒，尤其是较为优质的，一般会使用PX酒液来加甜。最优质的酒款能够完美融合甜型雪利酒中的干果气息和干型雪利酒的太妃糖、皮革及核桃香气。

2. 发酵管理与控制

雪利酒发酵终止时，所有的糖都被转化为酒精，它们就被归类为菲诺或欧罗索雪利酒，其酒精度为10.5%~11.5%vol。然后将葡萄酒转移到美国橡木桶中，填充到桶体积的六分之五，在葡萄酒顶部留下一个气隙，这一过程是雪利酒发酵过程重要环节——熟化。雪利酒的熟化方式分为两种，分别是生物型熟化（biological ageing）和氧化型熟化（oxidative ageing）。

①生物型熟化的雪利酒在熟化过程中会产生一种神奇物质——酒花（flor），这是酵母与空气中的微生物相结合的产物，“酒花”聚集形成一层白色的膜覆盖在酒液上方，起到了防止氧化的作用，并释放出二氧化碳和乙醛，这也赋予了雪利酒微妙独特的风味。

②氧化型熟化的雪利酒在酿造时不需要酒花的存在，因此酒液的酒精度会被加强至17%vol，在此强度下酒花就会死亡。在这一熟化方式中，每个橡木桶只会部分填装酒液，以增加与氧气的接触面积，而这一过程中也需要不断补充年轻酒液，否则可能会过度氧化。

雪利酒的酒精度比一般的葡萄酒要高，几乎所有雪利酒的基酒都是干型、中性且低酸的白葡萄酒，主要采用白葡萄帕洛米诺来酿造。发酵完成后，酿酒师会通过添加烈酒来对基酒进行加强，然后采用索莱拉系统（solera system）完成。经过该系统熟化的酒液会变得柔顺，风格也会趋于统一和均衡。索莱拉系统由多层橡木桶构成，存放着熟化期不同的酒液，这些层级被称为“培养层（Criaderas）”。最顶层的橡木桶装着最年轻的酒，越到底层的橡木桶装的酒熟化时间越长。当最底层（被称为“索莱拉层”）的酒液被取出装瓶（不完全取出），倒数第二层（第一培养层）的酒液就会以相同的量注入最底层的橡木桶，然后倒数第三层（第二培养层）的酒液又会以同样的方法注入第一培养层的橡木桶中，以此类推。

在索莱拉系统中，橡木桶的层数可少至3层，多则可达14层。从理论上说，每层酒桶中的葡萄酒都会包含少量的陈酿时间较长的葡萄酒。较年轻的葡萄酒和陈酿较久的葡萄酒会不断进行混合，最后得到的酒是综合了多个年份酒的特征，而不会凸显某个年份的特征。因此，采用索莱拉系统陈酿雪利酒能够保持雪利酒品质和风格的稳定性和一致性，并且雪利酒不标注具体的年份，而只带有熟化期标记。

另外，虽然大部分葡萄酒应该放在潮湿的地下酒窖中陈酿，但是雪利酒应该放置在干燥、通风的酒窖中陈酿。随着陈酿时间的增加，雪利酒中的一部分水分会蒸发，雪利酒中的酒精浓度会有所上升。有一些欧罗索雪利酒陈酿时间超过 10 年，其酒精含量可以由最初的 18%变成 24%。

（二）波特酒

1. 品种

波特酒产自葡萄牙北部的杜罗河（Douro）产区，是该产区的代表性葡萄酒。这里的葡萄种植区分布在上科尔戈（Cima Corgo）、下科尔戈（Baixo Corgo）和杜罗河上游（Douro Superior）。其中上科尔戈的顶级葡萄园数量最多，下科尔戈出产的波特酒风格最轻盈，杜罗河上游则同样以出产优质波特酒著称。绝大部分的波特酒都是采用葡萄牙本地葡萄品种混酿而成的，主要品种有国产多瑞加（Touriga Nacional）、多瑞加弗兰卡（Touriga Franca）、罗丽红（Tinta Roriz）、红巴罗卡（Tinta Barroca）和猎狗（Tinto Cao）。这些葡萄品种大多果粒比较小，皮比较厚，单宁含量比较高，适合酿造风味浓郁的波特酒。波特酒可以根据颜色分为红波特酒、白波特酒和桃红波特酒。绝大多数的波特酒都是红波特酒，但也有少量的白波特酒和桃红波特酒。

（1）白波特酒

白波特酒通常由白葡萄品种酿成，酒精度比红波特酒要低一点，酿造时很少或者几乎不经过浸渍，大多都在不锈钢罐或者水泥罐中进行陈年，陈年时间一般不超过 18 个月。桃红波特酒则不经过陈年，通常展现出樱桃、草莓和焦糖等风味。

（2）红波特酒

红波特酒又可以分为几种类型，常见的有宝石红波特酒（Ruby Port）、茶色波特酒（Tawny Port）、年份波特酒（Vintage Port）和晚装瓶年份波特酒（Late Bottled Vintage Port）等。

①宝石红波特酒通常由不同年份的年轻酒液混合酿成，一般在不锈钢罐或者水泥罐中进行熟化，熟化期通常为 1~3 年，装瓶前通常会经过过滤，不益于瓶内陈年。成酒通常呈宝石红或者深紫红色，带有清新的果味。品质更高一级的酒款被称为珍藏宝石红波特酒（Reserve Ruby Port），

用来调配这种酒的酒液经过更仔细的挑选，熟化时间可以长达 5~7 年，成酒香气更浓郁，结构更复杂。

②茶色波特酒也是由不同年份的酒液混合而成，但和宝石红波特酒不一样，它通常在橡木桶中进行熟化，成酒会在氧化作用下变成棕色，展现出坚果和太妃糖等风味。茶色波特酒也可以划分出品质更优的珍藏茶色波特酒（Reserve Tawny Port），这种酒需要在橡木桶中熟化至少 6 年。最好的茶色波特酒是酒标上带有熟化年数的茶色波特酒，这类波特酒需要在橡木桶中经过长时间的有氧熟化，酒标上会标注“10 年”“20 年”或“30 年”等平均熟化时长。

③年份波特酒是波特酒中最贵的，也是品质最好的一种。其酿酒葡萄通常来自酒庄最好的葡萄园，只有在某个非常好的年份才会酿造，平均每十年只酿造三次。这类波特酒会先在橡木桶或不锈钢罐中熟化 2~3 年，然后不经过滤就进行装瓶。成酒颜色深黑，酒体饱满。年份波特酒的陈年潜力非常好，可以在瓶中陈年几十年，发展出更加复杂的风味。不过在瓶陈过程中会形成较多沉淀物，所以饮用之前需要醒酒。

④和年份波特酒类似的是，晚装瓶年份波特酒也是由某个单一年份的酒液酿成，不过后者对基酒的要求没有那么严格，几乎每年都可以酿造。熟化时间要长一点，需要先在大橡木桶内熟化 4~6 年。晚装瓶年份波特酒装瓶前大多都经过下胶或者过滤，装瓶后就可以饮用。不过也有少量未经过滤的晚装瓶年份波特酒，它们风格和年份波特酒类似，可以受益于瓶陈，饮用之前也需要醒酒。

2. 发酵管理和控制

由于杜罗河产区的葡萄园大多都在比较陡峭的山坡上，所以酒庄基本是通过人工的方式来对葡萄进行采收。采收后，酒庄会对葡萄果实进行挑选，然后进行破皮和浸渍。但是要酿造出颜色深、单宁含量高的波特酒，普通的浸渍方法萃取力度是不够的，所以酿酒师们通常会使用别的方法来进行萃取。例如“脚踩法（foot-treading 或 grape-stomping）”又称“踩皮（pigeage）”。这是一种非常原始的破皮和浸渍方法，具体操作是一群工作人员光着脚，在装满葡萄的水槽中持续踩踏数个小时，将葡萄汁充分压出，并且让汁液和果皮充分接触，以萃取更多风味物质和色素。不过脚踩法非常耗费人力，所以也有一些酒庄转向使用机械化的方法，例如使用自动酿酒机（autovinifier）或者模拟人工踏皮的装置。浸渍完成之后，就到了发酵环节。和雪利酒不一样，波特酒的强化是在基酒发酵过程中进行的，一般在基酒的酒精度达到5%~9%vol的时候，酒庄就会向酒液中添加酒精度不超过77%vol的蒸馏烈酒来进行强化，强化过后的酒液酒精度为19%~22%vol。之后，酒庄会根据想要酿造的波特酒风格来决定是否进行熟化、在哪种容器内熟化以及熟化时间。

参考文献

[1] Darias-Martin J J, Rodriguez O, Diaz E, et al. Effect of skin contact on the antioxidant phenolics in white wine [J]. Food Chem, 2000, 71 (4): 483-487.

[2] Doco T, Williams P, Cheynier V. Effect of flash release and pectinolytic enzyme treatments on wine polysaccharide composition [J]. J Agr Food Chem, 2007, 55 (16): 6643-6649.

[3] Apolinar Valiente R, Williams P, Mazerolles G, et al. Effect of enzyme additions on the oligosaccharide composition of Monastrell red wines from four different wine-growing origins in Spain [J]. Food Chem, 2014b, 156 (1): 151-159.

[4] Kelebek H, Selli S, Canbas A. Effect of cold maceration treatment on anthocyanins in red wine production of Okuzgozu grapes [J]. J Agr Sci Tarim Bili, 2010, 16 (4): 287-294.

[5] Poussier M, Guilloux-Benatier M, Torres M, et al. Influence of different maceration techniques and microbial enzymatic activities on wine stilbene content [J]. Am J Enol Vitic, 2003, 54 (4): 261-266.

[6] Ayestaran B, Guadalupe Z, León D. Quantification of major grape polysaccharides (*Tempranillo* v.) released by maceration enzymes during the fermentation process

[J]. Anal Chim Acta, 2004, 513 (1): 29-39.

[7] Ducasse M A, Williams P, Canal-Llauberes R M, et al. Effect of macerating enzymes on the oligosaccharide profiles of Merlot red wines [J]. J Agr Food Chem, 2011, 59 (12), 6558-6567.

[8] Reboredo-Rodriguez P, Gonzalez-Barreiro C, Rial-Otero R, et al. Effects of sugar concentration processes in grapes and wine aging on aroma compounds of sweet wines-a review [J]. Crit Rev Food Sci, 2015, 55 (8): 1051-1071.

[9] Clary C, Gamache A, Cliff M. Flavor and aroma attributes of Riesling wines produced by freeze concentration and microwave vacuum dehydration [J]. J. Food Process Pres, 2006, 30 (4): 393-406.

[10] Tarko T, Duda-Chodak A, Sroka P, et al. The impact of oxygen at various stages of vinification on the chemical composition and the antioxidant and sensory properties of white and red wines [J]. Int J Food Sci, 2020 (3): 1-11.

[11] Day M P, Schmidt S A, Smith P A, et al. Use ad impact of oxygen during winemaking [J]. Aust J Grape Wine R, 2015, 36 (3): 347-365.

[12] Cheynier V, Souquet J M, A Samson A, et al. Hyperoxidation: influence of various oxygen supply levels on oxidation kinetics of phenolic compounds and wine quality [J]. Vitis, 1991 (30): 107-115.

[13] Coetzee C, Du Toit W J. Sauvignon Blanc wine: contribution of ageing and oxygen on aromatic and non-aromatic compounds and sensory composition: a review [J]. S Afr J Enol Vitic, 2015, 36 (3): 347-396.

[14] Han G, Webb M R, Richter C, et al. Yeast alter micro-oxygenation of wine: oxygen consumption and aldehyde production [J]. J Sci Food Agr, 2017, 97 (11): 3847-3854.

[15] Cheynier V F, Rigaud J, Souquet J M, et al. Effect of pomace contact and hyperoxidation on the phenolic composition and quality of Grenache and Chardonnay wines [J]. Am J Enol Vitic, 1989, 40 (1): 36-42.

[16] Cheynier V F, Masson G, Rigaud J, et al. Estimation of must oxidation during pressing in Champagne [J]. Am J Enol Vitic, 1993, 44 (4): 393-399.

[17] Marais J. Effect of grape temperature, oxidation and skin contact on Sauvignon

blanc juice and wine composition and wine quality [J]. S Afr J Enol Vitic 1998, 19 (1): 10-16.

[18] Maria-Pilar S, Henschen C, Cantu A, et al. Understanding microoxygenation: Effect of viable yeasts and sulfur dioxide levels on the sensory properties of a Merlot red wine [J]. Food Res Int, 2018 (108): 505-515.

[19] Varela C, Dry P R, Kutyna D R, et al. Strategies for reducing alcohol concentration in wine [J]. Aust J Grape Wine R, 2015 (21): 670-679.

[20] Regueiro J, Vallverdu-Queralt A, Simal-Gandara, J, et al. Urinary tartaric acid as a potential biomarker for the dietary assessment of moderate wine consumption: a randomised controlled trial [J]. Brit J Nutr, 2014, 111 (9): 1680-1685.

[21] Wang H, Ni Z J, Ma, W P, et al. Effect of sodium sulfite, tartaric acid, tannin, and glucose on rheological properties, release of aroma compounds, and color characteristics of red wine [J]. Food Sci Biotechnol, 2019, 28 (2): 395-403.

[22] Englezos V, Cravero F, Torchio F, et al. Oxygen availability and strain combination modulate yeast growth dynamics in mixed culture fermentations of grape must with *Starmerella bacillaris* and *Saccharomyces cerevisiae* [J]. Food Microbiol, 2018 (69): 179-188.

[23] Parenti A, Spugnoli P, Calamai L et al. Effects of cold maceration on red wine quality from Tuscan Sangiovese grape [J]. Eur Food Res Technol, 2004, 218 (4): 360-366.

[24] Apolinar Valiente R, Romero Cascales I, Williams P, et al. Effect of winemaking techniques on polysaccharide composition of Cabernet Sauvignon, Syrah and Monastrell red wines [J]. Aust J Grape Wine R, 2014a, 20 (1): 62-71.

[25] Gomez-Miguez M, Gonzalez-Miret M L, Heredia F J. Evolution of colour and anthocyanin composition of Syrah wines elaborated with pre-fermentative cold maceration [J]. J Food Eng, 2007, 79 (1): 271-278.

[26] Cejudo-Bastante M J, Gordillo B, Hernanz D, et al. Effect of the time of cold maceration on the evolution of phenolic compounds and colour of Syrah wines elaborated in warm climate [J]. Int J Food Sci Tech, 2014, 49 (8): 1886-1892.

[27] Brillouet J M, Moutounet M, Escudier J L. Fate of yeast and grape pectic polysac-

charides of a young red wine in the cross-flow microfiltration process [J]. Vitis, 1989 (28): 49-63.

[28] Bauer R, Dicks L M T. Control of malolactic fermentation in wine. A review [J]. S Afr J Enol Vitic, 2004, 25 (2): 74-88.

[29] Sumby K M, Bartle L, Grbin, P R et al. Measures to improve wine malolactic fermentation [J]. Appl Microbiol Biot, 2019, 103 (5): 2033-2051.

[30] Blazquez Rojas I, Smith P A, Bartowsky E J. Influence of choice of yeasts on volatile fermentation-derived compounds, colour and phe-nolics composition in cabernet sauvignon wine [J]. World J Microbiol Biotechnol, 2012, 28 (12): 3311-3321.

[31] Bokulich N A, Swadener M, Sakamoto K, et al. Sulfur dioxide treatment alters wine microbial diversity and fermen-tation progression in a dose-dependent fashion [J]. Am J Enol Vitic, 2015, 66 (1): 73-79.

[32] Antalick G, Perello M C, de Revel G. Characterization of fruity aroma modifications in red wines during malolactic fermentation [J]. J Agric Food Chem, 2012, 60 (50): 12371-12383.

[33] Jarauta I, Cacho J, Ferreira V. Concurrent phenomena contributing to the formation of the aroma of wine during aging in oak wood: An analytical study [J]. J Agric Food Chem, 2005, 53 (10): 4166-4177.

[34] Doco T, Quellec, N, Moutounet M, et al. Polysaccharide patterns during the aging of Carignan noir red wines [J]. Am J Enol Vitic, 1999, 50 (1): 28-32.

[35] Doco T, Vuchot P, Cheynier V, et al. Structural modification of arabinogalactan-proteins during aging of red wines on lees [J]. Am J Enol Vitic, 2003, 54 (3): 150-157.

[36] Darias-Martín J, Díaz-González D, Díaz-Romero C. Influence of two pressing processes on the quality of must in white wine production [J]. J Food Eng, 2004, 63 (3): 335-340.

[37] Maggu M, Winz R, Kilmartin P A, et al. Effect of Skin Contact and Pressure on the Composition of Sauvignon Blanc Must [J]. J Agr Food Chem, 2007, 55 (25): 10281-10288.

[38] Lacey M J, Allen M S, Harris R L N, et al. Methoxypyrazines in Sauvignon Blanc grapes and wines [J]. Am J Enol Vitic, 1991, 42 (2): 103-108.

[39] Singleton V L, Zaya J, Trousdale E. White table wine quality and polyphenol composition as affected by must SO_2 content and pomace contact time [J]. Am J Enol Vitic, 1980, 31 (1): 14-20.

[40] Escudero A, Asensio E, Cacho J. Sensory and chemical changes of young white wines stored under oxygen. An assessment of the role played by aldehydes and some other important odorants [J]. Food Chem, 2002, 77 (3): 325-331.

[41] Juega M, Costantini A, Bonello F, et al. Effect of malolactic fer-mentation by Pediococcus damnosus on the composition and sen-sory profile of Albariño and Caiño white wines [J]. J Appl Microbiol, 2014, 116 (3): 586-595.

[42] Knoll C, Fritsch S, Schnell S, et al. Influence of pH and ethanol on malolactic fermentation and volatile aroma compound composition in white wines [J]. LWT-Food Sci Technol, 2011a, 44 (10): 2077-2086.

[43] Knoll C, Fritsch S, Schnell S, et al. Impact of different malolactic fermentation inoculation scenarios on Riesling wine aroma [J]. World J Microbiol Biotechnol, 2012, 28 (3): 1143-1153.

[44] Cutzach I, Chatonnet P, Dubourdieu D. Influence of storage conditions on the formation of some volatile compounds in white fortified wines (Vins Doux Naturels) during the aging process [J]. J Agric Food Chem, 2000, 48 (6): 2340-2345.

[45] Garofalo C, Arena M P, Laddomada B, et al. Starter cultures for sparkling wine [J]. Fermentation, 2016, 2 (4): 21.

[46] Buxaderas S, Lopez-Tamames E. Sparkling wines: Features and trends from tradition [M]. Netherlands: Elsevier Inc., Amsterdam, 2012.

[47] Eder M L R, Rosa A L. Non-conventional grape varieties and yeast starters for first and second fermentation in sparkling wine production using the traditional method [J]. Fermentation-Basel, 2021, 7 (4): 321.

[48] Nascimento AM, de Souza J F, Lima M D S, et al. Volatile profiles of sparkling wines produced by the traditional method from a semi-arid region [J]. Beverages, 2018, 4 (4): 130.

[49] Kemp B, Alexandre H, Robillard B, et al. Effect of production phase on bottle-fermented sparkling wine quality [J]. J Agric Food Chem, 2015, 63 (1): 19-38.

[50] Caliari V, Panceri C P, Rosier J P, et al. Effect of the traditional, charmat and asti method production on the volatile composition of moscato giallo sparkling wines [J]. LWT-Food Sci Technol, 2015, 61 (2): 393-400.

[51] Marchal R, Ménissier R, Oluwa S, et al. Press fractioning: Impact on Pinot noir grape juice and wine composition [C]. Macrowine 2021, Montpellier, 2012, 18-21.

[52] Jegou S, Hoang, D A, Salmon T, et al. Effect of grape juice press fractioning on polysaccharide and oligosaccharide compositions of Pinot meunier and Chardonnay Champagne base wines [J]. Food Chem, 2017, 232 (1): 49-59.

[53] Buxaderas S, Lopez-Tamames E. Wines production of sparkling wines [J]. Encyc Food Sci Nutr, 2003 (10): 6203-6209.

[54] Flanzy C, Salgues M, Bidan P, et al. Oenology: Fondements scientifiques et technologiques [M]. Paris: Technique et Documantation, 1999.

[55] Buxaderas S, Lopez-Tamames E. Sparkling Wines: Features and Trends from Tradition [J]. Adv Food Nutr Res, 2012, 66 (66): 1-45.

[56] Martinez-Rodriguez A J, Polo M C. Effect of the addition of bentonite to the tirage solution on the nitrogen composition and sensory quality of sparkling wines [J]. Food Chem, 2003, 81 (3): 383-388.

[57] Torresi S, Frangipane M T, Anelli G. Biotechnologies in sparkling wine production. Interesting approaches for quality improvement: A review [J]. Food Chem, 2011, 129 (2): 1232-1241.

[58] Cavazzani N. Fabricacion de vinos espumosos [M]. Zaragoza: Editorial Acribia, 1989.

[59] Ubeda C, Kania-Zelada I, del Barrio-Galán R, et al. Study of the changes in volatile compounds, aroma and sensory attributes during the production process of sparkling wine by traditional method [J]. Food Res Int, 2019 (119): 554-563.

[60] Martinez-Rodriguez A J, Carrascosa A V, Martin-Alvarez P J. Influence of the

yeast strain on the changes of the amino acids, peptides and proteins during sparkling wine production by the traditional method [J]. J Ind Microbiol Biot, 2002, 29 (6): 314-322.

[61] Canonico L, Comitini F, Ciani M. Torulaspora delbrueckii for secondary fermentation in sparkling wine production [J]. Food Microbiol, 2018 (74): 100-106.

[62] Martinez-Lapuente L, Guadalupe Z, Ayestaran B, et al. Changes in polysaccharide composition during sparkling wine making and aging [J]. J Agric Food Chem, 2013, 61 (50): 12362-12373.

[63] Perez Magarino S, Ortega Heras M, Bueno-Herrera M, et al. Grape variety, aging on lees and aging in bottle after disgorging influence on volatile composition and foamability of sparkling wines [J]. LWT-Food Sci Technol, 2015, 61 (1): 47-55.

[64] Sartor S, Burin V M, Ferreira-Lima N E, et al. Polyphenolic profiling, browning, and glutathione content of sparkling wines produced with nontraditional grape varieties: Indicator of quality during the biological aging [J]. J Food Sci, 2019, 84 (10-12): 3546-3554.

[65] Martinez-Rodriguez A J, Carrascosa A V, Polo M C. Release of nitrogen compounds to the extracellular medium by three strains of Saccharomyces cerevisiae during induced autolysis in a model wine system [J]. Int J Food Microbiol, 2001a, 68 (1-2): 155-160.

[66] Martinez-Rodriguez A J, Polo M C, Carrascosa A V. Structural and ultrastructural changes in yeast cells during autolysis in a model wine system and in sparkling wines [J]. Int J Food Microbiol, 2001b, 71 (1): 45-51.

[67] Bujan J. Robotizacion de una cava de gran produccion: una solucion particular [J]. ACE Rev Enol, 2003 (29): 1697-4123.

[68] Council Regulation (EC) No 479/2008. The categories of grapevine products, oenological practices and the applicable restrictions [S]. European Commission, 2009.

[69] Heard G M, Fleet G H. The effects of temperature and pH on the growth of yeast species during the fermentation of grape juice [J]. J Appl Bacteriol, 1988, 65

(1): 23-28.

[70] Fauvet J, Guittard A. La vinification en rose. In Oenologie, Fondements Scientifiques et Technologiques [M]. Paris: Flanzy C. Ed, 1998.

[71] Peres S, Giraud-Heraud E, Masure A S, et al. Rose Wine Market: Anything but Colour [J]. Foods, 2020 (9): 1850.

[72] Salinas M R, Garijo J, Pardo F, et al. Colour, polyphenol, and aroma compounds in rosé wines after prefermentativa maceration and enzymatic treatments [J]. Am J Enol Viticult, 2003, 54 (3): 195-202.

[73] Balík J. Effect of bentonite clarification on concentration of anthocyanins and colour intensity of red and rosé wines [J]. Hort Sci, 2018, 30 (4): 135-141.

[74] Salinas M R, Garijo J, Pardo, F, et al. Influence of prefermentative maceration temperature on the colour and the phenolic and volatile composition of rosé wines [J]. J Sci Food Agric, 2005, 85 (9): 1527-1536.

[75] Suriano S, Basile T, Tarricone L. Effects of skin maceration time on the phenolic and sensory characteristics of Bombino Nero rose wines [J]. Ital J Agron, 2015, 10 (624): 21-29.

[76] Timberlake C, Bridle P. Flavylium salts, anthocyanidins and anthocyanins Ⅱ. Reactions with sulphur dioxide [J]. J Sci Food Agric, 1967, 18 (10): 473-478.

[77] Fraile P, Garrido J, Ancín C. Influence of a Saccharomyces cerevisiae selected strain in the volatile composition of rose wines. Evolution during fermentation [J]. J Agric Food Chem, 2000, 48 (5): 1789-1798.

[78] Urszula B, Paweł S, Łukasz N. Mixed Cultures of *Saccharomyces kudravzevii* and *S. cerevisiae* Modify the Fermentation Process and Improve the Aroma Profile of Semi-Sweet White Wines [J]. Molecules, 2022, 27 (21): 7478.

[79] Ortega-Heras M, Gonzalez-Sanjose M L, et al. Binding capacity of brown pigments present in special Spanish sweet wines [J]. LWT-Food Sci Technol, 2009, 42 (10): 1729-1737.

[80] Budic-Leto I, Zdunic G, Banovic M. Fermentative aroma compounds and sensory descriptors of traditional Croatian dessert wine Prosek from Plavac mali cv [J].

Food Technol Biotechnol, 2010 (48): 530-537.

[81] Thakur N S. Botrytized wines: A review [J]. Intl J Food Ferment Technol, 2018, 8 (1): 1-13.

[82] Keller M. The science of grapevines. Anatomy and physiology [M]. London: Academic Press, 2015.

[83] International Organisation of Vine and Wine. International code of oenological practices [S]. Paris: OIV, 2020.

[84] Rousseau S, Doneche B. Effects of water activity (a_w) on the growth of some epiphytic micro-organisms isolated from grape berry [J]. Vitis, 2001, 40 (2): 75-78.

[85] Pucheu-Plante B, Seguin G. Pourriture vulgaire et pourriture noble en Bordelais [J]. Connaiss Vigne Vin, 1978 (12): 21-34.

[86] Fournier E, Gladieux P, Giraud T. The "Dr Jekyll and Mr Hyde fungus": Noble rot versus gray mold symptoms of Botrytis cinerea on grapes [J]. Evol Appl, 2013, 6 (6): 960-969.

[87] Jackson R S. Wine science principles and applications [M]. Burlington: Academic Press, 2008.

[88] Carrascosa A V, Munoz R, Gonzalez R. Molecular wine microbiology [M]. London: Academic Press, 2011.

[89] Magyar I. Botrytized Wines. In: Advances in Food and Nutrition Research [M]. Burlington: Academic Press, 2011.

[90] Pucheu-Planté B, Seguin G. Influence des facteurs naturels sur la maturation et la surmaturation du raisin dans le Sauternais, en 1978-1979 [J]. Connaiss Vigne Vin, 1981 (15): 143-160.

[91] Landrault N, Larronde F, Delaunay J C, et al. Levels of stilbene oligomers and astilbin in French varietal wines and in grapes during noble rot development [J]. J Agric Food Chem, 2002, 50 (7): 2046-2052.

[92] Magyar I, Toth T. Comparative evaluation of some oenological properties in wine strains of Candida stellata, Candida zemplinina, *Saccharomyces uvarum* and *Saccharomyces cerevisiae* [J]. Food Microbiol, 2011, 28 (1): 94-100.

[93] Barbe J C, De Revel G, Joyeux A, et al. Role of carbonyl compounds in SO_2 binding phenomena in musts and wines from botrytized grapes [J]. J Agric Food Chem, 2000, 48 (8): 3413-3419.

[94] Toth-Markus M, Magyar I, Kardos K, et al. Study of Tokaji Aszu wine flavour by solid phase microextraction method [J]. Acta Aliment, 2002, 31 (4): 343-354.

[95] Miklosy E, Kalmar Z, Kerenyi Z. Identification of some characteristic aroma compounds in noble rotted grape berries and Aszú wines from Tokaj by GC-MS [J]. Acta Alimen, 2004, 33 (3): 215-226.

[96] Thibon C, Dubourdieu D, Darriet P, et al. Impact of noble rot on the aroma precursor of 3-sulfanylhexanol content in *Vitis Vinifera* L. cv Sauvignon Blanc and Semillon grape juice [J]. Food Chem, 2009, 114 (4): 1359-1364.

[97] Carbajal-Ida D, Maury C, Salas E, et al. Physico-chemical properties of botrytized Chenin Blanc grapes to assess the extent of noble rot [J]. Eur Food Res Technol, 2016, 242 (1): 117-126.

[98] Franco M, Peinado RA, Medina M, et al. Off-vine grape drying effect on volatile compounds and aromatic series in must from Pedro Ximenez grape variety [J]. J Agric Food Chem, 2004, 52 (12): 3905-3910.

[99] Lopez de Lerma N, Garcia Martinez T, Moreno J, et al. Sweet wines with great aromatic complexity obtained by partial fermentation of must from Tempranillo dried grapes [J]. Eur Food Res Technol, 2012, 234 (4): 695-701.

[100] Nurgel C, Pickering G J, Inglis D L. Sensory and chemical characteristics of Canadian ice wines [J]. J Sci Food Agric, 2004, 84 (13): 1675-1684.

[101] Cliff M, Yuksel D, Girard B, et al. Characterization of Canadian ice wines by sensory and compositional analyses [J]. Am J Enol Viticult, 2002, 53 (1): 46-53.

[102] Setkova L, Risticevic S, Pawliszyn J. Rapid headspace solid-phase microextraction-gas chromatographic-time-of-flight mass spectrometric method for qualitative profiling of ice wine volatile fraction Ⅱ: Classification of Canadian and Czech ice wines using statistical evaluation of the data [J]. J Chromatogr A, 2007, 1147

(2): 224-240.

[103] Erasmus D J, Cliff M, Van Vuuren Hm J J. Impact of yeast strain on the production of acetic acid, glycerol, and the sensory attributes of icewine [J]. Am J Enol Viticult, 2004, 55 (4): 371-378.

[104] Moreno J A, Zea L, Moyano L, et al. Aroma compounds as markers of the changes in Sherry wines subjected to biological ageing [J]. Food Control, 2005, 16 (4): 333-338.

[105] Moyano L, Zea L, Moreno J, et al. Analytical study of aromatic series in Sherry wines subjected to biological aging [J]. J Agric Food Chem, 2002, 50 (25): 7356-7361.

[106] Ruiz M J, Zea L, Moyano L, et al. Aroma active compounds during the drying of grapes cv. Pedro Ximenez destined to the production of sweet Sherry wine [J]. Eur Food Res Technol, 2010, 230 (3): 429-435.

[107] Zea L, Moyano L, Moreno J A. Discrimination of the aroma fraction of Sherry wines obtained by oxidative and biological ageing [J]. Food Chem, 2001, 75 (1): 79-84.

[108] Zea L, Moyano L, Moreno J A, et al. Aroma series as fingerprints for biological ageing in Fino Sherry-type wines [J]. J Sci Food Agric, 2007, 87 (12): 2319-2326.

[109] Zea L, Moyano L, Medina M. Odorant active compounds in Amontillado wines obtained by combination of two consecutive ageing processes [J]. Eur Food Res Technol, 2008, 227 (6): 1687-1692.

[110] Chaves M, Zea L, Moyano L, et al. Changes in color and odorant compounds during oxidative aging of Pedro Ximenez sweet wines [J]. J Agric Food Chem, 2007, 55 (9): 3592-3598.

第五章　葡萄酒封装与陈酿

葡萄酒封装常用的器具有木桶和瓶子，它们通常是深色的，可以遮光或过滤掉阳光中的紫外线，从而保护酒液中的化学成分，避免其受到破坏。此外，封装也能够保护葡萄酒免受空气的侵害。因此，封装能够有效地保护葡萄酒，避免其受到氧化、光照和有害微生物的影响。一般葡萄酒封装器具会精心设计，其上也会标注一些信息，如酿造年份、葡萄品种、酒庄、产地等。这些信息可以帮助消费者更好地了解葡萄酒的特点，选择自己喜欢的酒款饮用、装饰或收藏。葡萄酒封装后，大部分还需要陈酿。随着陈酿时间的延长，葡萄酒的口感、香气、颜色和稳定性都会被不断提高，一直达到成熟。

第一节　葡萄酒封装

一、木桶葡萄酒

在公元前4800年酿酒开始使用双耳瓶，是最早的葡萄酒储存容器。葡萄酒发展历史也表明，木材是最早被用来储存葡萄酒的容器。世界各种类型的木材都曾经被用于葡萄酒酿造，包括棕榈木。然而，自罗马时代以来，特别是自公元200年以来，橡木逐渐成为最受欢迎的选择。众所周知，橡木桶使葡萄酒变得更柔和，风味更丰富，因其比黏土制成的容器更坚固，更便于运输。

（一）橡木对葡萄酒的影响

酒桶对葡萄酒风格和质量的影响取决于许多因素，包括橡木的类型和产地、酒桶尺寸、烘烤技术、酒桶年龄、酒桶存放位置。当酒桶是新制成时，它们会赋予葡萄酒许多橡木风味，包括香兰素和单宁。当再次使用（第二次填充）时，葡萄酒产生的橡木风味会减少；当酒桶里装满四五次后，木桶的木材孔隙会被酒石堵塞，充氧非常缓慢，就变成储存容器。新橡木桶中的氧化作用比多次填充的桶更大，橡木色素吸收和氧化作用也有助于红葡萄酒颜色稳定。然而，只有高质量的葡萄酒才能100%采用新橡木制作酒桶。大多数经典、优质的红葡萄酒采用橡木桶进行陈酿后熟，有助于葡萄酒的风格和质量提高。同时，许多白葡萄酒也会选择在桶中进行发酵和储存，木桶会赋予白葡萄酒橡木的风味，包括烘烤香等。葡萄酒瓶子标签上标注的描述，比如微妙的橡木和香草味、复杂性和丰富性。然而，为了节约成本，新世界葡萄酒生产商不太可能采用橡木桶陈酿后熟。

1. 尺寸

橡木桶的尺寸也是影响酒液风味的重要因素：橡木桶的尺寸越小，酒桶内壁与酒液接触的比例就越大，因而对葡萄酒风格的影响也就越为显著。一个新的法国橡木桶225 L，约相当于300瓶葡萄酒容量。225 L橡木桶比300 L的多提供15%的橡木风味。而在发酵过程中，较小的酒桶也有助于产生热量的释放。而法国的罗纳河谷和意大利的皮埃蒙特等地区，仍会采用4000~6000 L的大型橡木桶熟化葡萄酒，它们只会产生少量的橡木。世界各地使用的桶有很多种尺寸，有些已经使用了几个世纪。

（1）波尔多桶（Barrique）

源自法国波尔多产区，是最常见的酒桶之一，其容量为225 L，刚好可以盛装300瓶750 mL的葡萄酒。另外，在法国的干邑（Cognac）产区，也有一种名为“Barrique”的橡木桶，不过这类酒桶的尺寸为300 L。

（2）勃艮第桶（Piece）

标准勃艮第桶的容量为228 L，比波尔多桶多出3 L。在形态上，勃艮第桶也与波尔多桶有所不同，它的桶形比较矮胖，宽大的桶腰可使酒泥与酒液更充分地接触，这对酿造出优质的霞多丽葡萄酒而言非常有利。

（3）夏布利桶（Feuillette）

勃艮第夏布利（Chablis）产区的传统橡木桶，容量为 132 L。目前，这类酒桶的使用数量正逐渐减少。

（4）香槟桶（Champagne Barrel）

容量为 205 L 的酒桶。之所以设计成这个尺寸，是因为根据香槟产区的法规，1 马克（Marc，计量单位的名称，以 4000 千克葡萄作为一个单位）葡萄最初压榨出的 2050 L 葡萄汁为头汁（Cuvee），而这些头汁正好可以装满 10 个香槟桶。

（5）博蒂桶（Botti）

意大利采用斯拉沃尼亚橡木（Slavonian Oak）制作而成的大酒桶，容量为 1500~10000 L。这种使用自然风干的木材制成的橡木桶属于中性橡木桶，几乎不会给酒液增添额外的风味。

（6）猪头桶（Hogshead）

容量为 225~250 L，多由美国橡木制成，通常用于熟化苏格兰威士忌（Scotch Whisky）。

（7）雪利桶（Butt）

容量为 475~500 L，其中以 500 L 最为常见。这类酒桶除了用来陈酿雪利酒（Sherry），还广泛应用于威士忌（Whisky）。

（8）柱桶（Puncheon）

容量为 450~500 L 的酒桶，桶形比雪利桶更为矮胖，一般使用西班牙橡木制作而成，主要用于雪利酒。另一种采用美国橡木制成的柱桶主要用于陈酿朗姆酒（Rum）。

（9）美国标准桶（American Standard Barrel，ASB）

容量为 180~200 L，广泛应用于威士忌。

（10）夸特桶（Quarter Cask）

又称四分之一桶，因其容量为 ASB 的 1/4（即 45~50 L）而得名。这种小容量的酒桶可加速烈酒的熟成速度。

2. 橡木的类型和原产地

尽管橡树有150多种，但其中只有三种用于制作酒桶：美国、法国和匈牙利产橡木。美国白栎（Quercas alba，Qa）比英国夏栎（Quercs robur，Qr）更粗；而纹理最紧密则是法国无梗栎（Quercus petraea，Qp）。

（1）美国橡木

其制作原料大多为典型的白栎，其特点是生长速度相对较快，纹理较疏松。美国白栎树生长在美国18个不同的州，主要是在中西部和阿巴拉契亚山脉（Appalachian Mountains），种植面积较为广阔。另外，俄勒冈州（Oregon）等地出产的俄州栎（Quercus Garryana）也会被用来制作橡木桶。美国白栎树的纹理较为疏松，孔隙更大，透氧性更强，因而更适合用于陈酿架构坚实、酒体饱满的葡萄酒，这样搭配能促使橡木桶的风味与葡萄酒的果香达到绝佳的融合，从而赋予葡萄酒更具层次感的香气和柔顺的单宁。常使用美国橡木桶陈酿酒液的产区包括美国的华盛顿州（Washington）、西班牙的里奥哈（Rioja）和部分新世界酿酒国家等。

（2）法国橡木

法国橡树适宜生长在气候凉爽之地，凉爽的气候有利于减缓橡树的生长速度，促进木材纹理的发展。法国的橡木桶产地按森林划分，不同产地出产的橡木桶之间都存在着细微的差异。法国拥有五大核心的橡木桶产区，主要分布在法国的中部和东部，分别是阿利埃（Allier）、特朗赛（Troncais）、利穆赞（Limousin）、纳韦尔（Nevers）以及孚日（Vosges）这几大森林，例如法国利穆赞以英国栎木为主，纳韦尔以法国栎木为主，瑞皮耶（Jupilles）以法国栎木为主。法国森林覆盖了约占土地的25%，约1400万公顷，其中超过200万公顷的法国栎木和英国栎木。树木被砍伐后，调味可能需要长达4年的时间。法国橡木纹理通常较为紧致，带有的橡木内酯较少，用其熟化葡萄酒时，酒液与氧气的接触相对较少，对酒液风格的影响较为柔和。更大的橡木桶相比，现在酿酒师更倾向于选择多个不同产地的单个木桶，而不是特定的森林，为最终的混合酒提供了一个完整的成分组合。

（3）匈牙利橡木

匈牙利橡木树种主要有两个，即英国栎木和法国栎木。而用于熟成葡萄酒的木桶就是用这两种橡木原料制作而成的。在过去30年中增长了30%。匈牙利橡木与法国橡木属于同一品种。虽然与法国橡木相似，但成本要低得多。用来制作匈牙利橡木桶的橡木在正式使用之前，至少要有100年的树龄，而且要自然风干3年以上。匈牙利橡木能为葡萄酒提供的风味特征与法国橡木类似，但它在价格方面要更加便宜，成本价大约为每个桶2000元多人民币。

（二）橡木制造技术

橡木是一种既坚硬又易于弯曲的木头，非常适合制造橡木桶。一直以来，橡木桶都是非常繁琐的过程，具体制作过程如下。

1. 橡木干燥

将橡木堆叠好放到通风处干燥。堆叠会被旋转，以利于通风干燥。通风的时间越长，橡木干燥的就会越好，由于这一步骤需要花费很多的费用，所以几乎所有的橡木都是自然风干的。但是，如果必须在出口时控制湿度小于14%的话，这些橡木就会被烘干。

2. 木材选择

无论是美国、法国还是匈牙利橡木都必须要直，且没有树眼。木头纹理紧致，并且清晰可见。选择的木材应含有较多的单宁，这样葡萄酒还可以在橡木桶中获得更多的单宁物质。

3. 木板切割

将木材粗略切割成一条条的木板，随后风干2~3年。风干期间，木板会变得更加坚硬，而且不愉悦的味道会逐渐消散。风干后，再按照指定规格对这些木板进行精心切割。

4. 定型

在桶环上一一摆好切割好的木板，再套上桶箍将木板初步定型。这个步骤被称为“制作玫瑰”，因为这个时候，橡木桶的半成品看起来像一朵开放的玫瑰。

5. 弯曲

通常到这一步时，不同的制桶厂会有不同的制作方法。有的制桶厂倾向于把橡木桶的半成品进行烘烤，这样木板就能变软，便于弯曲；也有的工厂直接在木桶上套钢索绳，并用机器拉紧，使木板弯曲收拢，再套上桶箍固定。这样，橡木桶就初见雏形了。

6. 烘烤

随后用明火对木桶进行烘烤。制桶工人会根据客户对于烘烤程度的要求，采用不同的工具将橡木桶内壁烧焦。明火烘烤来破坏木质纤维结构，使其内表炭化，并产生些复杂的成分和香味物质，从而赋予葡萄酒完美的结构和怡人的香气。在烧烤过程中的烘烤程度、时间和工艺直接影响木桶香味物质的释放。烘烤程度不同的橡木桶为葡萄酒带来的香气不同。包括轻度烘烤、中度烘烤、中度加强烘烤和重度烘烤四种类型。

（1）轻度烘烤

橡木板表面温度在120~180℃，在特定时间内，木质开始软化并产生一些香味成分。橡木表面焦黄，无深度。经此类橡木桶培养的葡萄酒具有橡木及烤面包等香气。

（2）中度烘烤

橡木板表面温度达200℃，表面烤焦深度约2 mm。经此类木桶培养的葡萄酒有蜂蜜、焦糖或烤面包等香气。

（3）中度加强烘烤

木板表面温度在200~210℃，表面烤焦深度在2~3 mm。经此类橡木桶培养的葡萄酒常散发着香草、椰子或杏仁等香气。

（4）重度烘烤

橡木板表面温度达225℃，表面烤焦深度在3~4 mm。经此类桶培养的葡萄酒有香料、咖啡或烟熏等气味。

7. 固定

在橡木桶内壁的边缘制作好凹槽后，工人会根据橡木桶的大小制作木桶盖，然后安装，并在木桶盖上印刷酒庄名和容量。此时，工人还会多套上几个桶箍用于加固。

8. 打磨

制桶工人还会将橡木桶进行打磨。

二、瓶装葡萄酒

瓶装葡萄酒最早出现在17世纪的法国波尔多地区，瓶身并没有标识酒庄或品种，只有简单的装饰和日期标记。18世纪初，贵族圈子中流传一种将装有葡萄酒的瓶子裹上葡萄叶制成的骨架以增加酒的陈年能力。19世纪中期，玻璃瓶的生产技术得到了普及，成为酿酒业中最常见的容器，同时也出现了瓶塞。葡萄酒瓶装是葡萄酒产业中最常见的封装方式，它不仅能够保护葡萄酒的质量和新鲜度，还能为葡萄酒品牌的传播和市场推广做出重大贡献。

未经过滤的葡萄酒在酒精发酵结束后，葡萄酒中会立即出现大量固体物质，包括葡萄泥和酵母壳。随着时间的推移，这些物质大多会沉淀下来。所以瓶装葡萄酒需要进行澄清、过滤和冷热稳定等处理，但处理应该保持一定限度，避免影响葡萄酒的感官特性。经处理后降低异味产生的风险，并获得澄清的葡萄酒。同时，在装瓶过程中可以向酒瓶中注入少量惰性气体以防止氧化。

(一) 分类

根据瓶身材质、容量和形状等因素，葡萄酒瓶装通常可以分为不同的类型。

1. 波尔多瓶

波尔多瓶（Bordeaux Bottle）是最常见的葡萄酒瓶装形式之一，高约28~30 cm，盛装容量通常为750 mL，常用于葡萄酒的主流品种，比如赤霞珠和品丽珠等。

2. 勃艮第瓶

勃艮第瓶（Burgundy Bottle）比波尔多瓶更加修长，且肩部更加倾斜，盛装容量同样是750 mL。这种瓶子通常用于包装勃艮第明星品种，如黑皮诺和霞多丽等。

3. 防尘瓶

防尘瓶（Dusty Bottle）与波尔多瓶非常相似，但它通常使用不透明的黑色或绿色玻璃材质制成，能够有效地防止光照和氧气的影响，适用于陈年酒和老酒。

（二）澄清

葡萄酒形成沉积物的粗物质通过倒换或离心去除。然而，可能还有一些较轻的物质悬浮在水中，称为胶体，其需要经过滤器除去。如果不除去，它们可能会使葡萄酒看起来模糊不清，最终形成一个个气泡。胶体是带静电的物质，可以通过添加另一种电荷相反的物质来去除。电荷相反的分子相互吸引，形成更大的团簇，絮凝沉淀到桶的底部，沉淀物被过滤掉。使用的澄清剂将取决于待去除胶体的性质和去除效果。红酒澄清剂，如白蛋白和明胶，其都可以去除单宁，从而减少涩味。膨润土也可以作为澄清剂，它主要是降低蛋白质含量，减少由于蛋白质与单宁结合造成葡萄酒的浑浊。酚类化合物则采用明胶作为澄清剂，也会使用聚乙烯吡咯烷酮（PVPP）。PVPP 可用于去除白葡萄酒的颜色，并有助于防止褐变。不管使用哪种澄清剂，都需要控制使用量；否则，澄清剂本身也会形成沉积物，或者可能产生相反的静电力。

（三）过滤

过滤是用来去除固体颗粒的过程，可能发生在酿酒的不同阶段。在发酵前，必须进行过滤以去除果梗等；在发酵过程中可以去除酒糟，回收部分葡萄酒滤液；在熟化之前过滤可以除去不良成分，如单宁。大多数葡萄酒在准备装瓶前也都会经过过滤以除去胶体，避免瓶装时产生浑浊。

1. 传统过滤

在世界各地的葡萄酒厂中，有几种常用的处理方法来澄清和过滤葡萄酒，通常使用板式分离器进行离心过滤，对普通澄清是非常有效的。发酵后各个阶段可以使用离心过滤，包括后澄清，这种离心方法是一种常用预过滤；然而，离心过滤需要结合惰性气体进行冲洗，以避免产氧问题。葡萄酒还可以使用硅藻土或硅藻土粉末进行深度过滤。自19世纪末以来，硅藻土一直被用作过滤助剂。过滤可以使用移动式泥土过滤器或旋转式真空过滤器进行。土滤可以用于最初的粗滤，可以去除大量的“黏性”固体，这些固体由死酵母细胞和葡萄中的其他物质组成。土滤分两个阶段进行。首先，硅藻土沉积在过滤罐内的支撑筛网上。水和硅藻土的混合物形成滤床，也称为预涂层。然后，对不断补充葡萄酒进行过滤，滤泥混合物形成新的天然过滤层，其厚度也会逐渐增加。另一种方法是使用旋转真空过滤器，它由一个水平的圆柱体或滚筒组成，在曲面上覆盖一个穿孔的筛网。一块滤布在表面上伸展。圆筒在盛有硅藻土和水的槽中旋转。在滚筒上抽真空，将硅藻土和水的混合物抽到布料上。水被吸入圆筒，在布上留下一层硅藻土作为过滤介质。葡萄酒被放入槽中，然后通过硅藻土过滤。随着葡萄酒过滤进行，圆筒表面形成污垢；当圆柱体旋转时，污垢层会被刀片刮掉，旧污垢层被新产生污垢层代替。旋转式真空过滤器为全封闭的，降低了氧化损坏葡萄酒风味的风险。然而，使用这种类型的过滤器，必须定期手动清除被过滤层。

2. 板块过滤

板块过滤器也可以称为框架式过滤器，其在葡萄酒以及饮料行业应用非常广泛。在小型葡萄酒厂，它可能是唯一可用的过滤器类型。一系列特殊设计的穿孔钢板或塑料板固定在框架中。将不同规格孔隙过滤介质片夹在板之间，然后通过液压方法将其挤压在一起。葡萄酒被泵送至过滤板中空腔内，在此过程中经过滤板和过滤介质，之后离开过滤系统。酵母细胞和其他物质被截留在过滤介质表面或缝隙中。过滤介质由纤维制成，有时还添加了颗粒成分，如硅藻土、珍珠岩或聚乙烯纤维，有时还有阳离子树脂（具有静电荷），以吸引具有相反静电荷的颗粒。但这类过滤板容易出现堵塞，需要对机器进行拆卸和重新组装，这一过程需要人工手动完成，非常耗时，也会导致葡萄酒损失。

3. 膜过滤

葡萄酒的膜过滤可以作为发酵后、装瓶前的过滤方法，需要上述方法完成澄清和过滤后再进行，达到所需产品的澄清度。葡萄酒含有残留糖，也就是酒精度低于15.5%vol时，葡萄酒酵母菌株会在瓶子（或其他包装）中发生再发酵的风险。热装瓶是一种常用的预防这种风险的方法，将预先装瓶葡萄酒加热到54℃。但随后葡萄酒冷却，使瓶子葡萄酒填充量大大减少。其他热装瓶方法主要是调整温度和时间，如在约75℃的温度下进行30s的快速巴氏灭菌，以及在82℃下进行约15分钟的装瓶后隧道巴氏灭菌。然而，大部分生产商为了提高产品质量，都会在装瓶前进行膜过滤。在未经过苹乳发酵的葡萄酒装瓶之前，膜过滤也可以避免由有害细菌引起的葡萄酒变质，如酒明串珠菌（*Leuconostoc oenos*）、片球菌（*Pediococcus damnosus*）、酒类酒球菌（*Oenococcus oeni*）和短乳杆菌（*Lactobacillus brevis*），它们都被0.45 μm的膜去除。而0.8 μm膜孔径过滤膜可以去除酿酒酵母（大多数发酵中最具优势的酵母）和巴亚努斯酿酒酵母，孔径为1 μm膜孔径可以去因特梅迪德克拉菌（*Dekkera intermedia*），它是一种酒香酵母属（*Brettaomyces*），也被称为败坏酵母属，其会导致出现明显的“焦糖味”或“老鼠味”的缺陷。孔径为0.2~0.45 μm的膜通常用于过滤白葡萄酒；孔径为0.45~0.65 μm的膜用于过滤红葡萄酒。

（四）稳定

葡萄酒稳定的目的是降低装瓶后葡萄酒中形成酒石酸盐晶体的可能性。酒石酸盐是酒石酸的钾盐或钙盐，是完全无害的。如果存在，它们可能会附着在软木塞上或作为沉淀物落在瓶子里，尤其是白葡萄酒，其酒石酸含量比红葡萄酒高。酒石酸盐会在发酵后和成熟过程被去除。葡萄酒产品稳定的传统方法是在装瓶前短时间内的冷稳定法、接触法和电渗析法。

1. 冷稳定法

冷稳定的冷却温度略低于冰点，酒精度12%vol的葡萄酒冷稳定温度为-4℃，酒精度16%~22%vol的强化葡萄酒冷稳定温度为-8℃，保存时间至少8天，甚至可能更长时间。然而，制冷装置的设备和运行成本较高，冷稳定技术也比较昂贵。但从长远来看，这种方法效果是非常好的。

2. 接触法

接触法是一个更有效、更快、更便宜的系统。它是将葡萄酒冷却至0℃，加入 4 g 磨碎的葡萄酒酒石酸钾晶体，然后剧烈搅拌以保持其悬浮状态，需要 5 天左右的时间。

3. 电渗析法

电渗析法也是一种更有效的酒石酸盐稳定方法，其去除酒石酸盐快速（单次横流），高效可靠，并可根据加工葡萄酒的特点进行调整。然而设备成本过高，使一些酿酒厂不会使用这种方法。但在某些地区，可以租用移动式机器和雇用操作员进行操作完成。由于该过程在没有制冷的情况下进行，因此能源成本显著降低，与 8 天以上的冷稳定时间相比，能源成本降低 95%。

（五）瓶塞

瓶塞必须起到保护葡萄酒直到其在消费前免受伤害的作用。对于需要在瓶中成熟的葡萄酒，瓶塞必须能够保证葡萄酒的成熟。有一些瓶塞的密封性能非常好，使得封瓶后的葡萄酒不会再继续发展变化；而有些瓶塞则允许有少量的氧气进入，瓶中的葡萄酒会继续发展变化。最适合葡萄酒的瓶塞，主要取决于葡萄酒的类型以及最终的消费者。

1. 软木塞

软木塞曾经是葡萄酒封瓶的唯一选择，现在它仍然是使用最广泛的瓶塞。然而，它会导致一小部分（大约 5%）葡萄酒被软木塞污染，而其他一部分葡萄酒也会随着酒龄的增加导致异常老化或出现软木异味。软木塞污染通常是由三氯苯甲醚（trichloroanisole，TCA）引起的，它主要存在于一些葡萄酒的瓶塞之中，会使葡萄酒产生发霉或纸板的气味。现在，软木塞制造商已经投入大量的资金来研究如何消除 TCA 的味道，并且已经取得了不同程度的成功。最好的软木塞只允许有很少量的空气进入酒瓶中，这有助于葡萄酒在瓶中的成熟，有些试验认为酒瓶接口处存在一定缺陷，软木脱碳会导致空气从软木塞的侧面进入酒瓶中。不过，软木塞现阶段仍然是许多高端葡萄酒的最佳选择，生产商也洞察到消费者往往更喜欢买用软木塞封瓶的葡萄酒。关于软木塞对葡萄酒产生的影响，葡萄酒业内的讨论一直持续不断。

2. 合成瓶塞

通常是采用各种塑料制造而成。这种瓶塞在那些被快速消费的葡萄酒中广泛应用。它们不适合用在需长期储存的葡萄酒中，因为其密封性很好，一般氧气不会缓慢进入瓶中。不过，有些合成瓶塞却会给葡萄酒带来不愉快的味道。

3. 螺旋塞

近年来，澳大利亚和新西兰的生产商一直在倡导将这种瓶塞应用于白葡萄酒的生产中。它们不会破坏葡萄酒，且密封性良好。试验证明，它们更适合保存那些水果味浓郁的葡萄酒，但是对具有橡木味的葡萄酒则不太适合。因此，在具有新鲜水果特征的白、红葡萄酒中，它们的应用越来越广泛。不过，由于这种瓶塞具有阻隔氧气的特点，所以很少用于需要成熟的葡萄酒中，一些非官方组织现在还在进行相关的研究。各个地区的消费者对这种瓶塞的接受程度也各不相同，不过总体接受度逐渐呈增长趋势。

4. 复合塞

复合塞制作成本较低，但质地相当细密。但复合塞在开瓶时容易破裂，且品质不太稳定，其中的黏结剂可能会融入酒液中污染酒液。

5. 玻璃瓶塞

玻璃瓶塞造型美观，可回收利用，密封性好，开启方便，并降低软木塞污染的风险，但玻璃瓶塞增加了葡萄酒的重量，成本较高。

随着包装技术的不断发展，葡萄酒市场上出现了许多新的包装形式，与传统的葡萄酒瓶装竞争，如纸板盒、饮用袋、金属罐等。这些新形式的包装在一定程度上解决了传统葡萄酒瓶装所面临的重量和成本问题，并且有些还具有便携和便利的优势。然而，传统包装在品质保护、品牌形象和消费者认同度等方面仍然具有明显优势。无论是造型设计，还是背后的品牌故事和陈年能力，传统包装都能帮助葡萄酒产品获得更好的市场认可和竞争优势。

总之，葡萄酒包装是葡萄酒行业中至关重要的一环。通过持续的创新和提升，葡萄酒包装可以更好地保护葡萄酒的质量，提升品牌形象，吸引消费者的兴趣，同时也适应不断变化的市场需求。

第二节　葡萄酒陈酿

发酵结束后刚获得的葡萄酒，酒体粗糙、酸涩，饮用口感较差，通常称为生葡萄酒。生葡萄酒必须经过一系列的物理、化学变化以后，才能达到最佳饮用品质。葡萄酒在储藏过程中变化有一定规律：首先，随着储藏时间的延长，葡萄酒的饮用品质不断提高，一直达到最佳饮用质量，这就是葡萄酒的成熟过程。此后，葡萄酒的饮用质量则随着储藏时间的延长而逐渐降低，这就是葡萄酒的衰老过程。因此，葡萄酒是有生命的，有其自己的成熟和衰老过程。

一、葡萄酒的化学成分

（一）酒精和酸度

葡萄酒的酒精度是由葡萄的发酵过程决定的，随着糖分完成转化、酒精发酵结束，葡萄酒的酒精度也就最终确定。在陈酿过程中，葡萄酒的酒精含量基本维持在同一水平，但由于酒液中的各类物质相互反应，香气和风味发生变化，可能会给人酒精度升高或下降的错觉。同理，由于酒液各成分在陈酿过程中发生了变化，人们在品鉴陈年后的葡萄酒时，感知到的酸度会有细微差别，但实际上这一要素也是相对恒定的。

（二）多酚

葡萄酒中的多酚主要是丹宁和色素。葡萄酒中的丹宁主要来源于葡萄浆果，此外，储藏在橡木桶中的葡萄酒还含有来自橡木的丹宁。葡萄酒中的色素来源于葡萄果皮，主要有两大类，即花色素苷和黄酮。在红葡萄酒中，既含有花色素苷，又含有黄酮。而在白葡萄酒中则只含有黄酮。

在葡萄酒的储藏和陈酿过程中，丹宁和花色素苷不断发生变化：氧化、聚合、与其他化学成分化合等。氧气促进这些反应，而 SO_2 则抑制这些反应。因此，在经过储藏和陈酿的红葡萄酒中，多酚类物质以下列形式存在：①游离花色素苷；②花色素苷-丹宁复合体；③儿茶酸：丹宁的构成物；④分子大小各异的丹宁；⑤胶体复合物：多糖-丹宁、盐-丹宁和聚合花色素苷等。

在葡萄酒的陈酿过程中，一方面，花色素苷含量降低，葡萄酒的颜色变深。因为花色素苷被氧化分解，其分解物与丹宁化合，这样的化合物颜色变深、更稳定。另一方面，一部分丹宁被氧化，而使葡萄酒略带黄色，一部分丹宁逐渐沉淀，还有一部分丹宁则形成大分子物质，从而提高葡萄酒的感官质量。同时，葡萄酒的通气能加速这些变化。

（三）芳香物质

芳香物质在葡萄酒中有三种香味，即果香、酒香和醇香。果香，又叫一类香气或品种香气，是葡萄浆果本身的香气，而且随葡萄品种的不同而有所变化。它的成分极为复杂，主要是萜烯类衍生物。酒香，又叫二类香气或发酵香气，则是在酵母菌引起的酒精发酵过程中形成的，其主要构成物是高级醇和酯。在葡萄酒陈酿过程中形成的醇香，又叫三类香气或醇香，则是葡萄酒中香味物质及其前身物质转化的结果。在某些葡萄酒中，这一转化主要是氧化作用；而在大多数葡萄酒中，还原现象则是醇香形成的主要原因。已经证明，在成熟的葡萄酒中，有的物质只有在它处于还原态时才具有香气。此外，葡萄酒中还含有一些不具香气的杂多糖，但在葡萄酒的陈酿过程中，它们可通过缓慢的水解作用而释放出具香味的糖苷配基。

1. 果香

果香是代表各品种葡萄酒的典型香气，因为它们是源于葡萄浆果的芳香物质和在以后能释放出挥发性物质的物质。在葡萄浆果中，存在着结合态和游离态两大类香气物质。只有游离态香气物质才具有呈香能力，而结合态香气物质必须经过分解释放出游离态香气物质后，才具有呈香能力。

已经证明麝香型葡萄品种的结合态芳香物质是以糖苷的形式存在的。因此，葡萄品种的果香，不仅取决于其游离香气的浓度，而且取决于其芳香物质的总量和在酿造过程中结合态芳香物质释放游离态芳香物质的能力。

2. 酒香

在酒精发酵过程中，酵母菌在将糖分解为酒精和二氧化碳的同时，还产生很多副产物。这些副产物在葡萄酒的感官质量方面具有重要作用。它们有的具有特殊的味感，如琥珀酸的味既苦又咸。另外还有很多具有挥发性和气味。这些具有挥发性和气味的副产物，就构成了葡萄酒的酒香，或称二类香气或发酵香气。正是由于它们的作用，才使不同的葡萄酒具有一些共同的感官特性。

构成发酵香气的物质主要有高级醇、酯、醛和酸等。它们几乎存在于所有的葡萄酒和其他发酵饮料中。但是，在不同的葡萄酒中，由于它们各自含量比例的不同，葡萄酒的二类香气的类型及优雅度可发生很大的变化。影响这些成分及其比例的有发酵原料、酵母菌种类和发酵条件三个主要因素。

在苹果酸-乳酸发酵过程中形成的一些的挥发性物质，同样也是酒香的构成成分。在这一发酵过程产生的物质中，具新鲜奶油气味的双乙酰可达 2 mg/L 以上。还有气味优雅的乳酸乙酯等。因此，苹乳发酵不仅可以使葡萄酒更为柔和，而且也是改善葡萄酒香气的过程，还可提高葡萄酒的醇厚感。可以说，苹乳发酵是优质红葡萄酒成熟的第一步。但是，当葡萄酒中的果香较淡时，苹乳发酵也会使乳酸味过浓，从而降低葡萄酒的质量。这样的葡萄酒，通常具有酸奶、醋甚至奶酪的气味。而这些气味是葡萄酒不应有的。

3. 醇香

醇香是在葡萄酒的成熟过程中形成的香气。构成醇香的物质非常复杂，这是因为：①醇香的形成是一个非常长的变化过程。当葡萄酒在大容器中陈酿时，醇香的形成，是在有控制的有氧条件下进行的。当装瓶后，葡萄酒的醇香则在瓶内完全无氧条件下继续形成、变化，通过这些变化而形成了一些新的香气（如灌木丛味、动物气味等）。此外，有的气味只是在开瓶时才形成的。②醇香只出现在浓厚、结构感强的陈酿葡萄酒中。③醇香是葡萄酒包括挥发性物质以外的其他成分深入的化学转化（酯化、氧化还原作用等）的结果。由生化作用形成的醛、醇和酯都在葡萄酒的香气中起作用。

二、葡萄酒的化学反应

（一）氧化

在葡萄酒的储藏、陈酿过程中，空气中的氧可以通过多种途径溶解于葡萄酒中：通过橡木桶壁、分离、换桶、装瓶等过程进入葡萄酒中。尽管葡萄酒的种类不同，但其氧的最大含量却比较稳定。这是因为虽然酒度越高，氧的溶解量也越大，但氧含量主要受温度的影响：温度升高，氧含量降低。例如，葡萄酒的最大含氧量在7℃时为7 mg/L，而在20℃时为6 mg/L。

不管是在生葡萄酒中，还是在成熟葡萄酒中，都不存在游离态的溶解氧，因为它很快与葡萄酒的各种成分化合：一般经过三天时间，溶解氧就会消失一半，而以结合态氧存在。这一结合态氧可用葡萄酒的氧化-还原电位进行测定。由于葡萄酒中的氧以结合状态存在，所以葡萄酒的氧化反应很缓慢。在发酵结束后，葡萄酒中起始溶解氧浓度很高，达到7.5 mg/L，接近葡萄酒中最大溶解氧浓度，这是采取开放式转罐，使空气中的氧融入葡萄原酒的缘故。同期测定氧化还原电位表明，此时葡萄原酒的氧化还原电位约300 mV。而一周后葡萄酒中溶解氧浓度已降至0.2 mg/L。可见，新葡萄酒中存在着大量的耗氧物质，其耗氧能力很大。

（二）酯化

在葡萄酒的整个陈酿过程中，酯化反应都在不停地但缓慢地进行。在这一过程中形成的酯主要是化学酯类，包括结合酒石酸、苹果酸、柠檬酸等的中性酯和酸性酯。例如，酒石酸和乙醇反应生成酸性酒石酸乙酯和中性酒石酸乙酯。

在发酵结束以后，葡萄酒中酯类的含量为2~3 mEq/L。储藏2~3年后为6~7 mEq/L，储藏20年后为9~10 mEq/L。所以酯化反应主要在储藏中的头两年中进行，以后就很缓慢了。在葡萄酒的陈酿过程中，所产生的主要是酸性酯类（酒石酸乙酯、琥珀酸乙酯等），而且其酯化作用非常缓慢，需要很长的时间，才可能有10%的酸处于酯化状态。

酯类物质是构成果香和酒香的重要物质。但在葡萄酒储藏过程中通过缓慢的酯化作用形成的酯类（如乙酯）对醇香的产生并不起任何作用。相反，随着储藏时间的延长，由酵母活动形成的酯逐渐被水解。而且有的酯，如由细菌活动产生的乙酸乙酯还会影响葡萄酒的质量，因为乙酸乙酯含量的增加是葡萄酒变酸的主要原因。此外，酯类总量的多少，与葡萄酒的质量之间没有任何联系。

三、橡木桶在葡萄酒陈酿中的应用

（一）红葡萄酒

在橡木桶中，葡萄酒的氧化为控制性氧化，并由此引起葡萄酒缓慢的变化。在橡木桶陈酿过程中会发生CO_2的释放、自然澄清、色素胶体逐渐下降、酒石沉淀等现象。此外，酚类物质也发生深刻的变化：颜色变为淡紫红色且变暗；丹宁之间的聚合使葡萄酒变得柔和。为了防止降解性氧化反应，丹宁和花色素的比例必须达到一定的平衡：花色素的降解会降低红色色调，丹宁的部分降解会加强黄色色调，从而使葡萄酒变为瓦红色而早熟。要防止葡萄酒的早熟，丹宁/花色素的质量浓度比应为2左右（即丹宁1.5~2 g/L，花色素500 mg/L）。二氧化硫处理以不中断控制性氧化为宜，应将游离SO_2保持在20~25 mg/L。

橡木桶，特别是新橡木桶，还会给葡萄酒带来一系列有利于控制性氧化的物质。除对香气的影响外，橡木桶特有的水解丹宁，比葡萄酒中的大多数成分更易被氧化。陈酿过程中先消耗溶解氧，从而保护葡萄酒的其他成分。橡木桶还能调节葡萄酒的氧化反应，使之朝着使葡萄酒中酚类物质结构缓慢变化的方向发展。在这种情况下，明显地减慢了氧化性降解，从而获得在密闭性容器中不可能获得的结果。此外，来自橡木桶壁的多糖逐渐地溶解在葡萄酒中，使之更为肥硕，并明显减弱其涩味。

总之，大多数红葡萄酒须在橡木桶中陈酿，它可使葡萄酒带有橡木味，有时还有优质名酒所需的烟熏味。但是，除对香气的影响外，橡木桶还能深刻地改变葡萄酒的成分和质量。这些改变主要与橡木桶对葡萄酒的氧化-还原反应的调节有关。橡木桶对葡萄酒的香气、颜色和稳定性都有重要的影响，在橡木桶中陈酿的葡萄酒的质量，决定于多种因素，主要是橡木的成分、葡萄酒的成分和陈酿的时间，而陈酿时间的长短，最好通过品尝确定。

（二）白葡萄酒

陈酿型的干白葡萄酒可在橡木桶中酿造并陈酿。与红葡萄酒比较，在橡木桶中陈酿是干白葡萄酒的特色。在酒精发酵过程中，酵母菌壁含有的多糖被释放出来，特别是葡聚糖和甘露蛋白。另外，当葡萄酒在酒泥上陈酿时，由于酵母菌的自溶，甘露蛋白大量进入葡萄酒。如果在陈酿过程中加上搅拌，葡萄酒的酵母胶体的含量会进一步提高。这些物质具有与多酚物质结合的能力。因此，与在不锈钢罐中陈酿的同一葡萄酒比较，在橡木桶中陈酿的葡萄酒的多酚含量就要低一些。在陈酿过程中，白葡萄酒的黄色色调降低，橡木桶的丹宁感被限制，葡萄酒更澄清、更柔和。带酒泥陈酿，会影响葡萄酒的氧化-还原反应。如果在不锈钢罐中的酒泥上陈酿，就会降低氧化-还原电位，并迅速产生还原味。相反，在新橡木桶中，则可在酒泥上陈酿数月。在这种情况下，酒泥能抑制氧化反应。搅拌可以使橡木桶中葡萄酒的氧化-还原电位均匀一致。但是，如果在橡木桶中陈酿时间过长，会提高还原味出现的危险性。

橡木桶可使葡萄酒出现一些特殊的香气：橡木内酯、丁子香酚、香草醛等。但如果这些气味过重，就会使葡萄酒变得粗燥。在橡木桶中发酵并陈酿葡萄酒的橡木香气比只在橡木桶中陈酿的葡萄酒要淡一些。这主要是因为在发酵过程中，酵母胶体可固定一部分芳香分子；同时，酵母菌还可将香草醛转化为非挥发性的香草醇。所以，在橡木桶中发酵并陈酿比只在橡木桶中陈酿更为合理。同样，陈酿应在粗酒泥上进行，而不应在细酒泥上进行。

参考文献

[1] Santos F, Correia A C, Ortega Heras M, et al. Acacia, Cherry and oak wood chips used for a short aging period of rose wines: Effects on general phenolic parameters, volatile composition and sensory profile [J]. J Sci Food Agric, 2019 (99): 3588-3603.

[2] Chatonnet P, Boidron J N, Pons M. Effect of heat on oak wood and its chemical composition. Part 2. Variations of certain compounds in relation to burning intensity [J]. J Int Sci Vigne Vin, 1989 (23): 223-250.

[3] Chatonnet P, Dubourdieu D. Identification of substances responsible for the "sawdust" aroma in oak wood [J]. J Sci Food Agric, 1998, 76 (2): 179-188.

[4] Del Alamo-Sanza M, Nevares I, Mayr T, et al. Analysis of the role of wood anatomy on oxygen diffusivity in barrel staves using luminescent imaging [J]. Sensor Actuat B-Chem, 2016 (237): 1035-1043.

[5] Del Alamo-Sanza M, Nevares I. Recent advances in the evaluation of the oxygen transfer rate in oak barrels [J]. J Agr Food Chem, 2014, 62 (35): 8892-8899.

[6] Cerdan T G, Ancin-Azpilicueta C. Effect of oak barrel type on the volatile composition of wine: Storage time optimization [J]. LWT-Food Sci Technol, 2006, 39 (3): 199-205.

[7] Cadahia E B, Fernandez de Simon, Jalocha J. Volatile compounds in Spanish, French, and American oak woods after natural sea-soning and toasting [J]. J Agr Food Chem, 2003, 51 (20): 5923-5932.

[8] Tao Y, Garcia J F, Sun D W. Advances in wine ageing technologies for enhancing wine quality and accelerating wine ageing process [J]. Crit Rev Food Sci, 2014, 54 (4-6): 817-835.

[9] Chatonnet P, Dubourdieu D. Comparative study of the characteristics of American

white oak (Quercus alba) and European oak (Quercus petraea and Q. robur) for production of barrels used in barrel aging of wines. Am J Enol Vitic, 1998, 49 (1): 79-85.

[10] De Coninck G, Jordao A M, Ricardo da Silva J M, et al. Evolution of phenolic composition and sensory proprieties in red wine aged in contact with Portuguese and French oak wood chips [J]. J Int Sci Vigne Vin, 2006, 40 (1): 23-34.

[11] Del Alamo-Sanza M, Nevares, I. Oak wine barrel as an active vessel: A critical review of past and current knowledge [J]. Crit Rev Food Sci, 2018, 58 (16): 2711-2726.

[12] Chira K, Teissedre P L. Chemical and sensory evaluation of wine matured in oak barrel: Effect of oak species involved and toasting process [J]. Eur Food Res. Technol, 2015, 240 (3): 533-547.

[13] Fernandez de Simon B, Cadahia E, Muino I, et al. Volatile composition of toasted oak chips and staves and of red wine aged with them [J]. Am J Enol Vitic, 2010, 61 (2): 157-165.

[14] Watrelot A A, Waterhouse, A L. Oak barrel tannin and toasting temperature: Effects on red wine anthocyanin chemistry [J]. LWT-Food Sci Technol, 2018 (98): 444-450.

[15] Garcia-Falcon M, Perezlamela C, Martinezcarballo E, et al. Determination of phenolic compounds in wines: Influence of bottle storage of young red wines on their evolution [J]. Food Chem, 2007, 105 (1): 248-259.

[16] Skouroumounis G K, Kwiatkowski M J, Francis I L, et al. The impact of closure type and storage conditions on the composition, colour and flavour properties of a Riesling and a wooded Chardonnay wine during five years' storage [J]. Aust J Grape Wine R, 2005, 11 (3): 369-377.

[17] Melodie G, Philippe L, Nerea I, et al. Effect of polyvinylpolypyrrolidone treatment on roses wines during fermentation: Impact on color, polyphenols and thiol aromas. Food Chem. 2019, 295 (15): 493-498.

[18] Li S Y, Duan C Q. Astringency, bitterness and color changes in dry red wines before and during oak barrel aging: An updated phenolic perspective review [J].

Crit Rev Food Sci, 2019, 59 (9/12): 1840-1867.

[19] Ugliano M. Oxygen contribution to wine aroma evolution during bottle aging [J]. J Agr Food Chem, 2013, 61 (26): 6125-6136.

[20] Gambuti A, Siani T, Picariello L, et al. Oxygen exposure of tannins-rich red wines during bottle aging. Influence on phenolics and color, astringency markers and sensory attributes [J]. Eur Food Res Technol, 2017, 243 (4): 669-680.

[21] Garde Cerdan T, Ancin Azpilicueta C. Review of quality factors on wine ageing in oak barrels [J]. Trends Food Sci Tech, 2006, 17 (8): 438-447.

[22] Picariello L, Gambuti A, Picariello B, et al. Evolution of pigments, tannins and acetaldehyde during forced oxidation of red wine: Effect of tannins addition [J]. LWT-Food Sci Technol, 2017 (77): 370-375.

[23] De Beer D, Joubert E, Marais J, et al. Effect of oxygenation during maturation on phenolic composition, total antioxidant capacity, colour and sensory quality of Pinotage wine [J]. S Afr J Enol Vitic, 2008, 29 (1): 13-25.

[24] Kallithraka S, Salacha M I, Tzourou I. Changes in phenolic composition and antioxidant activity of white wine during bottle storage: accelerated browning test versus bottle storage [J]. Food Chemistry, 2009, 113 (2): 500-505.

[25] Navarro M, Kontoudakis N, Gomez Alonso S, et al. Influence of the volatile substances released by oak barrels into a Cabernet Sauvignon red wine and a discolored Macabeo white wine on sensory appreciation by a trained panel [J]. Eur Food Res Technol, 2017, 244 (2): 245-258.

[26] Ancin Azpilicueta C, Gonzalez Marco A, Jiminez Moreno N. Evolution of esters in aged Chardonnay wines obtained with different vinification methods [J]. J Sci Food Agr, 2009, 89 (14): 2446-2451.